Kosmos Basics

Welcher Gartenvogel ist das?

Volker Dierschke

KOSMOS

Vögel und ihre Lebensweise lassen sich nicht nur in Feld, Wald und Wiese beobachten: Schon im eigenen Garten kann das Naturerlebnis beginnen. Dieses Buch soll dabei helfen, die Vögel kennenzulernen, die Ihnen in Gärten und Parks sowie im direkten Umfeld von Siedlungen begegnen. Wie sie anhand von Gefieder und Stimme bestimmt werden können, finden Sie im Abschnitt »Merkmale«. Welche Lebensräume die Vögel besiedeln, wann sie dort zu sehen sind und wohin sie ziehen, lesen Sie im Abschnitt »Vorkommen«. Unter »Wissenswertes« sind einige interessante Details aus der Lebensweise zu entdecken. Schließlich weisen bei vielen Arten »Gartentipps« darauf hin, wie sie den Vögeln mit Fütterung oder Nistkästen helfen können.

Welche Vögel leben in Gärten?

Jede Vogelart ist mit ihrem Körperbau und in ihrer Lebensweise an bestimmte Strukturen eines Lebensraumes angepasst. Entsprechend leben in Gärten vor allem Vögel, die auch sonst in Büschen und Bäumen brüten und dort Nahrung suchen. Dabei handelt es sich vor allem um Waldvögel oder um solche, die buschreiche, halboffene Landschaften bewohnen. Doch auch Vögel, die den freien oder schütter

Angehäufte Zweige bieten Vögeln wie dem Zaunkönig Unterschlupf.

bewachsenen Boden zur Nahrungssuche benötigen, finden in Gärten ihre Lebensraumansprüche erfüllt. Und in Parks kommen sogar noch einige Wasservögel hinzu. Im begrünten Siedlungsbereich des Menschen treffen daher viele Vogelarten aufeinander, die in der Natur nicht unbedingt zusammen auftreten. In Mitteleuropa gilt heute die sogenannte Gartenstadtzone als artenreichster Vogellebensraum überhaupt. Doch Achtung: Viele Vogelarten meiden die Nähe des Menschen und sind daher auf Naturschutzgebiete und rücksichtsvolle Bewirtschaftung von Feldern, Wiesen und Wäldern unbedingt angewiesen.

Blumenbeete sind für Insekten und Samen fressende Vögel attraktiv.

Wie wird mein Garten für Vögel lebenswert?

Um Ihren Garten für Vögel attraktiv zu machen, empfiehlt sich zunächst eine für sie geeignete Bepflanzung. Eine Mischung verschiedener Büsche und Bäume sollte vor allem einheimische Arten enthalten, welche die Vögel auch aus anderen Lebensräumen kennen. Das Geäst sollte nicht zu stark beschnitten werden, damit ein versteckter Nestbau möglich ist. Doch auch abgeschnittene Zweige können sinnvoll eingesetzt werden: Aufgehäuft in einer ruhigen Ecke bieten sie Unterschlupf z. B. für den Zaunkönig. Günstig sind Büsche mit Beeren, die von Sommer bis Winter ein gutes Nahrungsangebot darstellen.

Auch Ecken mit »Unkräutern« wie Brennnesseln oder Disteln verbessern das Futterangebot für Vögel erheblich. Bei Rasenflächen kann eine Mischung sinnvoll sein: Kurz gemähtes Gras erleichtert Amseln die Nahrungssuche, langhalmige Bereiche mit Wildblumen sind günstig für Samen- und Insektenfresser. Schließlich können Sie Vögel mit einem Gartenteich, aber auch mit einer geeigneten Wasserschale zum Baden und Trinken einladen.

Fütterung von Vögeln

Im Sommerhalbjahr finden Vögel im für sie freundlich gestalteten Garten genügend Futter. Da sich die meisten Vogelarten im Sommer von Insekten ernähren, ist eine zusätzliche Fütterung nicht nötig, kann aber einige Körnerfresser unterstützen. Die bei uns überwinternden Vögel sind dagegen größtenteils Körnerfresser – erkennbar am relativ dicken Schnabel. Diese Vogelarten kommen gern an Futterstellen, besonders wenn sie bei Schnee und gefrorenem Boden wenig andere Nahrung finden können. Es gibt eine ganze Reihe von Möglichkeiten zur Fütterung, am bekanntesten sind Futterhäuschen, Meisenknödel und Meisenringe.

Am Futterplatz kann man Vögel – hier Blaumeisen – gut beobachten.

Entscheidend ist, nur geeignete Futtersorten wie z.B. Sonnenblumenkerne oder Hirsekörner zu verwenden – bevorzugen Sie Mischungen aus dem Fachhandel. Wichtig ist aber auch, den Boden unter der Futterstelle sauber zu halten, um die Übertragung von Krankheiten zu vermeiden. Schließlich sollte die Futterstelle so angelegt werden, dass die Vögel für Räuber unerreichbar sind.

Dank Nistkästen werden Höhlenbrüter wie Feldsperlinge im Garten heimisch.

Nisthilfen im Garten

Stimmt das Umfeld, so lassen sich Vögel im Garten gern zum Brüten nieder. Neben dichtem Gebüsch sind für Freibrüter besonders mit Kletterpflanzen bewachsene Hauswände interessant, zumal sie dort vor Räubern einigermaßen sicher sind. Viele Arten brüten in Baumhöhlen. Wo in neueren Gärten alte Bäume mit Hohlräumen fehlen, schaffen Nistkästen Abhilfe. Es gibt sie in verschiedenen Größen und mit unterschiedlich großen Einfluglöchern, passend für Brutvögel von der Blaumeise bis zur Dohle. Darüber hinaus gibt es auch Halbhöhlenkästen (z. B. für den Hausrotschwanz) oder künstliche Schwalbennester. Wichtig ist auch bei den Nisthilfen, dass sie für Räuber unzugänglich sind. Ferner müssen sie sauber gehalten, d. h. nach der Brutzeit gereinigt werden. Übrigens: Oft werden Nistkästen zum Übernachten benutzt. Es schadet deshalb nicht, sie auch im Winter hängen zu lassen.

Bestimmungsteil

Rauchschwalbe

Hirundo rustica

> bläulich schillernde Oberseite
> lange Schwanzspieße
> März bis Oktober

Merkmale Länge 17–21 cm; oben schwarz mit bläulichem Glanz, unten weiß, Gesicht und Kehle ziegelrot; tief gegabelter Schwanz. Plaudernder Zwitschergesang.
Vorkommen Sommervogel in ganz Europa, zieht zum Überwintern bis Südafrika. Brütet meist im Inneren von Gebäuden, gern in Viehställen, auch unter Brücken. Jagt bevorzugt über Wiesen und Weiden nach Insekten.
Wissenswertes Männchen mit längeren Schwanzspießen haben einen höheren Bruterfolg und können zwei bis drei Bruten im Jahr aufziehen. Die Schwanzspieße dienen daher den Weibchen als Signale, um die Qualität eines Männchens zu erkennen. Nach der Brutzeit und im Winterquartier sammeln sich Rauchschwalben zu großen Schwärmen..
Gartentipp Im Fachhandel sind Kunstnester erhältlich, die in Schuppen oder Ställen knapp unter der Decke angebracht werden sollten. Fenster oder Tür müssen offen stehen, um An- und Abflug zu ermöglichen.

Mehlschwalbe

Delichon urbicum

> weißer Bürzel
> leicht gegabelter Schwanz
> April bis Oktober

Merkmale Länge 13–15 cm; Oberseite schwarz mit kreideweißem Bürzel, Unterseite weiß; Schwanz nur leicht gegabelt. Ruft trocken »prritt«.
Vorkommen Ursprünglich Brutvogel an Felswänden, heute zumeist an Häusern in Städten und Dörfern; häufig in Kolonien. Im Sommer in ganz Europa, im Winter in Afrika südlich der Sahara.
Wissenswertes Anders als Rauchschwalben, die gern flach über dem Boden jagen, fliegen Mehlschwalben bei der Jagd nach Insekten meist höher am Himmel und sind dort gelegentlich gemeinsam mit den deutlich größeren Mauerseglern zu beobachten.
Gartentipp An der Außenwand von Gebäuden unter dem Dach angebrachte Kunstnester können die Ansiedlung von Mehlschwalben fördern. Unter die Nester montierte Kotbretter vermeiden unerwünschte Verschmutzung. Die Anlage von Lehmpfützen kann den Mehlschwalben helfen, Baumaterial für den eigenen Nestbau zu sammeln.

Feldlerche

Alauda arvensis

> kleine Haube
> weißlicher Flügelhinterrand
> lang andauernder Singflug

Merkmale Länge 16–18 cm; Oberseite und Kopf braun gemustert, unterseits weißlich, aber Brust gestrichelt; am Kopf kleine, oft angelegte Haube. Scheinbar endloser Singflug aus trillernden Tönen, der Vogel »steht« dabei minutenlang hoch in der Luft. In den Gesang baut die Feldlerche gern Imitationen anderer Vogelstimmen ein.

Vorkommen Brütet in Feldern, Wiesen und Weiden in ganz Europa. Überwinterung in Mittel- und Südeuropa sowie in Nordafrika.

Wissenswertes Die Rodung von Wäldern ermöglichte diesem Steppenbewohner einst die Einwanderung nach Mitteleuropa, wo landwirtschaftliche Nutzflächen besiedelt werden konnten. Im Zusammenhang mit der fortschreitenden Intensivierung der Landwirtschaft haben die Brutbestände vielerorts stark abgenommen. Durch den Einsatz von Dünger wachsen die Nutzpflanzen zu schnell und zu dicht, um die Nahrungssuche und die Jungenaufzucht zu ermöglichen.

Haubenlerche

Galerida cristata

> große Federhaube
> plumpe Statur
> kräftiger Schnabel

Merkmale Länge 17–19 cm; etwas größer als Feldlerche und von dieser durch die stets aufgerichtete Federhaube zu unterscheiden. Gesang aus einer Abfolge rauer und flötender Töne, oft vom Boden oder kleinen Erhöhungen aus. Die Rufe klingen ähnlich.

Vorkommen Jahresvogel, der von Westafrika bis Korea in trockenen und meist kargen Lebensräumen vorkommt.

Wissenswertes In Mitteleuropa sind Haubenlerchen Kulturfolger und bewohnen vor allem Industriegebiete, Bahngleise und Parkplätze von Supermärkten. Die zunehmende Bebauung der letzten 100 Jahre hat zunächst viele neue Lebensräume für diese Art geschaffen. Mit zunehmender Begrünung der Städte sind die Haubenlerchen vielerorts aber wieder verschwunden. Negativ wirken sich auch die im Zuge des Klimawandels zunehmenden Niederschläge aus. Inzwischen wird die Art auf der deutschen Roten Liste als »vom Aussterben bedroht« geführt.

Baumpieper

Anthus trivialis

> kräftige Bruststrichelung
> ruft rau »tsriie«
> April bis September

Merkmale Länge 14–16 cm; sehr ähnlich dem Wiesenpieper, aber markantere Kopfzeichnung und wärmer braun getönte Brust mit kräftiger Strichelung. Schmetternder Gesang ähnlich dem des Wiesenpiepers, aber der Singflug wird nicht vom Boden, sondern von Baumspitzen aus gestartet. Ruft rau und trocken »tsriie«.

Vorkommen Brutvogel in fast ganz Europa, der südlich der Sahara in Afrika überwintert. Brütet in Waldlichtungen und an Waldrändern, aber auch in halboffener Landschaft mit einzelnen Bäumen. Zur Zugzeit und im Winter meist in offenem Gelände.

Wissenswertes Ihre Zugstrecken legen Baumpieper bevorzugt in den ersten Morgenstunden zurück, um dann den Rest des Tages für Rast und Nahrungssuche zu nutzen. Da die Vögel sich dabei gut verborgen im Gras bewegen, sind sie schwer zu beobachten und meist erst beim Auffliegen zu bemerken.

Wiesenpieper

Anthus pratensis

> unscheinbar braun und gestreift
> herabgleitender Singflug
> ruft kurz »ist ist«

Merkmale Länge 14–15 cm; Grundfarbe auf der Oberseite grünlich braun, auf der Unterseite weißlich, aber jeweils starke schwärzliche Streifung bzw. Strichelung; weiße Schwanzaußenkanten und schmale Flügelbinden. Der Gesang besteht aus verschiedenen Phrasen, endet mit »zia-zia-zia« und ertönt in einem herabgleitenden Singflug, der am Boden startet. Ruft kurz »ist« (auch doppelt).

Vorkommen In Mittel- und Westeuropa ganzjährig, in Nord- und Osteuropa Zugvogel (Überwinterung in Südeuropa und Nordafrika). Bewohnt Wiesen und Ackerland, aber auch Heide und Moor.

Wissenswertes In Mitteleuropa gehören Wiesenpieper zu den häufigsten Durchzüglern. Sie ziehen am Tage und machen sich durch ihre Zugrufe bemerkbar. Überwinterer halten sich oft an Gräben auf, wo sie nach Insekten suchen. Bei Kälteeinbrüchen und Schneelagen weichen sie in wärmere Gefilde aus.

Bachstelze

Motacilla alba

> Gefieder schwarz-weiß-grau
> häufiges Schwanzwippen
> März bis Oktober

Merkmale Länge 17–19 cm; langschwänzig, Gefieder schwarz-grau-weiß; Männchen (siehe Abbildung) kontrastreicher gefärbt als Weibchen; Jungvögel haben abgesehen von ihrem Kehllatz wenig Schwarz im Gefieder. Gesang unauffälliges Zwitschern, Ruf markant »zi-witt«.

Vorkommen Brütet in fast ganz Europa. Im Westen und Süden des Kontinents sind Bachstelzen Jahresvögel, sonst Zugvögel, die im Mittelmeerraum überwintern. Sie bewohnen die offene Kulturlandschaft, halten sich aber meistens in der Nähe von Gewässern auf.

Wissenswertes Bei der Nahrungssuche laufen Bachstelzen am Boden umher und verfolgen dabei Insekten mit schnellen Schritten oder kurzen Flügen. Ihre napfförmigen Nester bauen sie in Höhlungen oder Spalten verschiedenster Art, sowohl an Gebäuden und Brücken als auch am Bachufer, in Schutthaufen oder in Büschen. Dem aufmerksamen Beobachter zeigen sie mit auffälligen Warnrufen die Annäherung eines Sperbers an.

Schafstelze

Motacilla flava

> gelbe Unterseite
> weiße Schwanzaußenkanten
> April bis September

Merkmale Länge 15–16 cm; Männchen unterseits leuchtend gelb, oberseits olivgrün, Kopf grau mit weißem Überaugenstreif (siehe Abbildung); Weibchen bei ähnlicher Farbverteilung viel blasser. Abgehackter Gesang aus zwei bis drei Tönen, der von erhöhten Punkten wie langen Halmen oder Zaunpfählen aus vorgetragen wird. Ruf leicht abfallend »psiee«.

Vorkommen Brütet in Feuchtwiesen und Getreidefeldern im größten Teil Kontinentaleuropas und überwintert südlich der Sahara in Afrika.

Wissenswertes Auf der Suche nach Insekten gesellen sich Schafstelzen gern zu Rindern und anderem Weidevieh. Sie wurden deshalb früher auch Viehstelzen genannt. Zur Zugzeit und im Winter sieht man Schafstelzen fast immer in Trupps, tagsüber bei der Nahrungssuche, besonders aber an abendlichen Schlafplätzen: Zu Zigtausenden fallen sie stellenweise in Röhrichtbestände ein.

Gebirgsstelze
Motacilla cinerea

> gelbe Unterseite
> schwarze Kehle
> langer Schwanz

Merkmale Länge 17–20 cm; sehr langschwänzig; Männchen mit grauer Oberseite, gelber Unterseite und schwarzer Kehle (große Abbildung); Weibchen ähnlich, aber blasser. Bei Jungvögeln ist nur der Unterschwanz gelb (kleine Abbildung). Beim Abflug am gelblich grünen Bürzel von Bachstelzen zu unterscheiden. Kurzer Gesang aus hellen, scharfen Tönen. Rufe höher als die der Bachstelze.
Vorkommen Brütet an schnell fließenden Bächen und Flüssen von Südskandinavien bis Marokko, aber auch in großen Teilen Asiens. Meist ganzjährig anwesend, aber in Skandinavien und Asien Zugvogel.
Wissenswertes Gebirgsstelzen sitzen gern schwanzwippend auf Steinen inmitten von Fließgewässern. Dort picken sie Insekten vom Boden auf oder fangen sie aus der Luft. Das Nest wird unter Baumwurzeln oder zwischen Steinen direkt am Ufer gebaut, häufig auch unter kleinen Brücken. Im Winter werden sie immer häufiger in Siedlungen beobachtet, auch abseits von Fließgewässern.

Wasseramsel
Cinclus cinclus

> kugelige Gestalt
> weiße Brust
> schwimmt und taucht

Merkmale Länge 17–20 cm; kompakte Gestalt, dunkelbraune Oberseite, weiße Brust und rotbrauner Bauch. Geschwätz aus hohen, klaren, oft metallisch klingenden Tönen, oft von einem aus dem Wasser ragenden Stein aus vorgetragen.
Vorkommen Ganzjährig an schnell fließenden Flüssen und Bächen in bergigen Bereichen Europas. Im Winter und auf dem Zug mitunter auch an anderen Gewässern.
Wissenswertes Wasseramseln sind sehr eng an ihren Lebensraum gebunden. Als einzige Singvögel tauchen sie am Gewässergrund nach Wasserinsekten. Auch bauen sie ihre Nester unmittelbar am Ufer unter Baumwurzeln, Steinen oder Brücken. Ähnlich wie bei anderen Vögeln, die an schnell fließenden Gewässern leben – z. B. wie bei Gebirgsstelze und Eisvogel –, dient die hohe Stimmlage der besseren Hörbarkeit von Rufen und Gesängen bei laut rauschendem Wasser.

Zaunkönig

Troglodytes troglodytes

- sehr klein und braun
- kurzer, aufgestellter Schwanz
- schmetternder Gesang

Merkmale Länge 9–10 cm; sehr kleiner, flinker und überwiegend braun gefärbter Singvogel mit weißlichem Überaugenstreif und kurzem Schwanz, der aufrecht gehalten wird. Lauter, schmetternder Gesang, der auch im Winter zu hören ist; schnurrender Warnruf.

Vorkommen Jahresvogel in fast ganz Europa, in Skandinavien Zugvogel. Bewohnt den dichten Unterwuchs von Wäldern, Parks und Gärten.

Wissenswertes Das Männchen baut im Gestrüpp, in Höhlungen von Baumstämmen oder in Mauern mehrere kugelförmige Nester, von denen sich das Weibchen eines zum Brüten aussucht. Viele Männchen haben zwei, manche sogar bis zu vier Weibchen. Die Nester werden auch zum Übernachten benutzt. Bei der Suche nach Insekten und Beeren hält sich der Zaunkönig meist in Bodennähe auf.

Gartentipp Reisighaufen in einer ruhigen Ecke des Gartens nutzt der Zaunkönig gern als Brutplatz und als Lebensraum für den Winter.

Heckenbraunelle

Prunella modularis

- blaugrauer Kopf
- dünner Schnabel
- klirrender Gesang

Merkmale Länge 13–14 cm; ähnlich Ammern oder Sperlingen, aber dünner Schnabel; überwiegend braun mit dunkler Streifung, Kopf blaugrau. Hoher, klirrender Gesang, der von erhöhter Warte aus vorgetragen wird. Auf dem Zug hohe, trillernde Rufe.

Vorkommen Brütet in weiten Teilen Europas; in Nord- und Osteuropa Zugvogel, sonst ganzjährig anwesend. Bewohnt Wälder und Parks, aber auch Gärten und Gebüsche innerhalb von Siedlungen.

Wissenswertes Männchen und Weibchen haben zur Brutzeit ihre eigenen Reviere. Je nachdem, wie stark sich diese überlappen, kann ein Männchen mehrere Weibchen oder ein Weibchen bis zu zwei Männchen als Brutpartner haben.

Gartentipp Gelegentlich kommen Heckenbraunellen im Winter an Futterhäuschen. Für gewöhnlich suchen sie ihre aus Insekten und feinen Samen bestehende Nahrung aber recht heimlich unterhalb von Büschen am Boden.

Amsel
Turdus merula

> Männchen schwarz, Schnabel gelb
> Weibchen braun
> flötender Gesang

Merkmale Länge 24–29 cm; Männchen mit komplett schwarzem Gefieder und schwärzlichen Beinen, aber Schnabel und Augenring gelb (Abbildung oben); Weibchen dunkelbraun mit leicht gefleckter Brust, Schnabel braun bis gelblich braun (Abbildung unten). Melodischer, flötender Gesang, vorwiegend in der Morgen- und Abenddämmerung von Dachgiebeln oder Baumspitzen aus. Bei Gefahr laut schimpfend.
Vorkommen Häufiger Brutvogel in ganz Europa, meist ganzjährig, in Skandinavien jedoch Zugvogel.
Wissenswertes Amseln gehören zu den häufigsten Brutvögeln Europas. Waren sie einst scheue Waldvögel, so begannen sie Mitte des 19. Jahrhunderts, in die direkte Umgebung menschlicher Siedlungen vorzudringen und Parks und Gärten zu besiedeln. Besonders häufig wurden sie in den letzten 40–50 Jahren durch die zunehmende Begrünung der Siedlungen, insbesondere durch die Bepflanzung der Gärten mit immergrünen Nadelhölzern. Diese bieten ihnen ganzjährig Schutz und erlauben einen Brutbeginn bereits früh im Jahr. Günstig wirkt sich für Amseln auch aus, dass sie im Winter Futterhäuser besuchen und dadurch selbst auch in schneereichen Wintern einer geringeren Sterblichkeit ausgesetzt sind.
Gartentipp Amseln lassen sich im Garten besonders gut bei der Nahrungssuche beobachten: Würmer und Insekten picken sie vom Rasen, Beeren aus dem Gebüsch. Bedeckt Laub den Boden, reißen sie es mit den Beinen beiseite oder entfernen es mit dem Schnabel.

Singdrossel

Turdus philomelos

> schwarze Brustfleckung
> braune Oberseite
> Februar bis November

Merkmale Länge 20–22 cm; kleine Drossel mit brauner Oberseite und heller, schwarz getupfter Unterseite. Gesang aus kurzen, meist zwei- bis dreimal wiederholten Strophen. Ruft scharf »zipp«.
Vorkommen Brutvogel in fast ganz Europa, Überwinterung in West- und Südeuropa sowie in Nordafrika. Brütet in Wäldern und Parks. Auf dem Zug und im Winter recht unauffällig im Unterholz.
Wissenswertes Abgesehen vom lauten Gesang sind Singdrosseln auch zur Brutzeit recht heimlich. Oft macht erst raschelndes Laub auf die am Boden nach Nahrung suchenden Vögel aufmerksam.
Gartentipp Findet man im Garten auf einem Stein oder einer Treppenstufe zerkleinerte Schneckenschalen, so handelt es sich um die »Schneckenschmiede« einer Singdrossel. Mit dem Schnabel werden Schneckenhäuser am Stein zerschlagen, um an den weichen Körper der Schnecken zu gelangen.

Misteldrossel

Turdus viscivorus

> größte Drossel
> schwarze Brustfleckung
> Februar bis November

Merkmale Länge 26–29 cm; deutlich größer als Amsel; Oberseite hellbraun, Unterseite weiß mit runden, schwarzen Flecken, helles Gesicht. Im Flug sind weißliche Unterflügel und weiße Schwanzaußenkanten charakteristisch. Schnarrender Ruf. Gesang ähnlich der Amsel, aber sehr kurze Strophen.
Vorkommen Brütet in hochstämmigen Wäldern und gebietsweise auch in Parks oder Gärten. In Mittel-, West- und Südeuropa Jahresvogel, in Nord- und Osteuropa Zugvogel mit Überwinterung in Mittel- und Südeuropa.
Wissenswertes Ihren Namen tragen diese Vögel, weil sie neben anderen Beeren und Wirbellosen gern Beeren der Mistel fressen. Am Schnabel klebend werden die Beeren zu benachbarten Bäumen transportiert. Dadurch tragen Misteldrosseln zur Ausbreitung dieses an Bäumen wachsenden Halbparasiten bei. Die Brutzeit der Misteldrosseln beginnt bereits im Februar.

Wacholderdrossel
Turdus pilaris

> Kopf und Rücken grau
> Brust orange, schwarz gestrichelt
> schackernde Rufe

Merkmale Länge 22–27 cm; amselgroßer Vogel mit grauem Kopf und Bürzel, braunem Vorderrücken, orangefarbener Brust und weißem Bauch sowie dunkler Strichelung an gesamter Unterseite. Raue, schackernde Rufe. Gesang unauffällig und quietschend.
Vorkommen Jahresvogel in Mittel- und Osteuropa, Zugvogel in Skandinavien und Wintergast in Südeuropa. Brütet in Baumbeständen aller Art, aber zur Nahrungssuche in offenem Gelände.
Wissenswertes Als geselligste unserer Drosseln brüten Wacholderdrosseln meist in kleinen Kolonien.

Rotdrossel
Turdus iliacus

> rostrote Flanke
> weißer Überaugenstreif
> Oktober bis April

Merkmale Länge 19–23 cm; ähnlich Singdrossel, aber weißlicher Überaugenstreif, dunkel gestreifte Brust, rostrote Flanken. Im Flug auch rostrote Unterflügeldecken sichtbar. Gesang abgehackt und wenig melodisch. Flugruf scharf und lang gezogen »zieeeh«.
Vorkommen Brütet in Birken-und Nadelwäldern Nordeuropas; überwintert vom Kaspischen Meer bis Großbritannien und Marokko, vor allem in lichten Wäldern und in offenem Gelände.
Wissenswertes Auf dem Zug und im Winter in Trupps, oft mit Wacholderdrosseln vergesellschaftet.

Seidenschwanz
Bombycilla garrulus

> Federhaube
> bunte Flügelmarkierungen
> Oktober bis April

Merkmale Länge 18–21 cm; starengroßer Singvogel mit Federhaube; Gefieder überwiegend beige-rosa, aber Bürzel grau und Kehle schwarz; schwarze Maske und gelbe Spitzen an Schwanzfedern und Handschwingen. Hohe, glöckchenartige Rufe: »sirrr«.
Vorkommen Jahresvogel in den Nadelwäldern Nordskandinaviens. In manchen Wintern invasionsartige Wanderungen nach Mitteleuropa.
Wissenswertes Der Seidenschwanz ernährt sich im Sommer von Insekten, im Winter aber von Beeren und Äpfeln. Besucht deshalb gerne Gärten.

Teichrohrsänger

Acrocephalus scirpaceus

> warm braunes Gefieder
> Gesang reich an Wiederholungen
> Mai bis Oktober

Merkmale Länge 12–14 cm; Oberseite einfarbig warm braun, Unterseite einfarbig warm beige. Schwatzender Gesang aus rauen, meist wiederholten Tönen.

Vorkommen Häufiger Brutvogel der Schilfbestände im größten Teil Europas, auf der Zugzeit auch im Gebüsch. Überwintert in der Südhälfte Afrikas.

Wissenswertes Ihre Nester befestigen die Teichrohrsänger kunstvoll zwischen mehreren Schilfhalmen. Da die Nester von oben gut zugänglich sind, werden sie häufig von Kuckuckweibchen zur Eiablage genutzt.

Sumpfrohrsänger

Acrocephalus palustris

> braunes Gefieder
> abwechslungsreicher Gesang
> Mai bis August

Merkmale Länge 13–15 cm; Gefieder sehr ähnlich dem des Teichrohrsängers, aber etwas weniger rötlich; im Freiland kaum zu unterscheiden. Singt melodischer und abwechslungsreicher als der Teichrohrsänger.

Vorkommen Brütet in Mittel- und Osteuropa in feuchter Hochstaudenvegetation, besonders an Gräben. Überwintert in Südostafrika.

Wissenswertes Der Gesang enthält viele Imitationen von Rufen und Gesängen anderer Vogelarten. Dadurch können fremde Stimmen aus dem afrikanischen Winterquartier nach Europa »importiert« werden.

Gelbspötter

Hippolais icterina

> hellgelbe Unterseite
> helles Flügelfeld
> Mai bis August

Merkmale Länge 12–14 cm; größer als Laubsänger; oben grün, unten gelb, blaugraue Beine. Gesang reich an Imitationen und ähnlich dem des Sumpfrohrsängers, aber mit hellerem Klang und typischen »Dr. Knie«-Elementen.

Vorkommen Brütet in Gehölzen, Parks und Gärten in Mittel- und Nordeuropa, im Winter im südlichen Afrika.

Wissenswertes Bei der Suche nach Insekten bleiben Gelbspötter meist im dichten Blattwerk von Büschen und Bäumen verborgen. Dabei bewegen sie sich besonders entlang der größeren Zweige und Äste.

Klappergrasmücke
Sylvia curruca

> weiße Kehle
> dunkelbraune Oberseite
> April bis Oktober

Merkmale Länge 12–14 cm; ähnlich Dorngrasmücke, aber Flügel und Rücken einfarbig dunkel graubraun, obere Kopfhälfte grau und Beine dunkelgrau. Die Gesangsstrophen bestehen aus einem kaum hörbaren, knirschenden Geschwätz, enden aber mit einem lauten Klappern, das der Art den volkstümlichen Namen »Müllerchen« eingebracht hat.
Vorkommen Brutvogel in Mittel-, Ost- und Nordeuropa, Überwinterung in Nordostafrika. Bewohnt Gebüsche in lichten Wäldern, Parks und Gärten.
Wissenswertes Während die meisten mitteleuropäischen Singvogelarten im Herbst in Richtung Südwesten ziehen, sind Klappergrasmücken Südostzieher. Auf dem Heimzug kann es bei kaltem Wetter in Südosteuropa zu Bestandseinbußen kommen.
Gartentipp Klappergrasmücken leben gern in buschreichen Gärten, sind aber eher zu hören als zu sehen. Gut zu beobachten sind sie beim Trinken am Gartenteich.

Dorngrasmücke
Sylvia communis

> weiße Kehle
> rostbraune Flügel
> April bis September

Merkmale Länge 13–15 cm; Männchen recht bunt mit rostbraunen Flügeln, graubraunem Rücken, grauem Oberkopf, weißer Kehle und rosa Brust (große Abbildung); Weibchen blasser und bräunlicher gefärbt (kleine Abbildung). Der kratzende Gesang, der oft im Singflug vorgetragen wird, enthält fast immer eine laute Sequenz aus drei Doppeltönen (»dida-dida-dida«). Daneben sind mehr als 25 verschiedene Rufe bekannt geworden, die u. a. dem Warnen vor Feinden, dem Ausdruck von Erregung oder dem Familienzusammenhalt dienen.
Vorkommen Brutvogel in fast ganz Europa, im Winter südlich der Sahara bis Südafrika. Lebt in buschigen Bereichen der offenen Landschaft.
Wissenswertes Neben langen Dürreperioden in der Sahelzone haben Rodungen von Hecken und Gebüschen im Brutgebiet, die für Nestbau und Nahrungssuche benötigt werden, den europäischen Brutbestand stark schrumpfen lassen.

Mönchsgrasmücke

Sylvia atricapilla

> schwarze oder braune Kappe
> flötender Gesang
> April bis Oktober

Merkmale Länge 13–15 cm; einfarbig grau, nur Kopfplatte schwarz (Männchen, große Abbildung) oder braun (Weibchen, kleine Abbildung). Melodischer Gesang, der mit wenigen klaren Flötentönen endet. Strophen kürzer als bei der Gartengrasmücke.
Vorkommen In ganz Europa Brutvogel in Gärten, Parks und Wäldern. In Südeuropa ganzjährig, sonst meist Zugvogel, der überwiegend im Mittelmeerraum, vereinzelt aber auch nördlich davon überwintert. Neuerdings häufig in Großbritannien, in kleiner Zahl auch in Deutschland.
Wissenswertes Mönchsgrasmücken gelten als sehr anpassungsfähig und haben in Mitteleuropa sowohl von der zunehmenden Waldfläche als auch von der Begrünung der Vorstädte profitiert und folglich im Bestand zugenommen.
Gartentipp Die Mönchsgrasmücken gehören zu den Vögeln, die sich zur Brutzeit von Insekten, im Spätsommer und Herbst dagegen ausgiebig von Holunder- und anderen Beeren ernähren. Neuerdings kommt sie im Winter auch an Futterhäuser.

Gartengrasmücke

Sylvia borin

> graubraunes Gefieder
> langstrophiger Gesang
> Mai bis September

Merkmale Länge 13–14 cm; Gefieder einfarbig bräunlich grau, Halsseiten etwas aufgehellt; graue Beine. Eintönig anmutender, schwatzender Gesang mit längeren Strophen als bei der Mönchsgrasmücke und ohne Flötentöne.
Vorkommen Häufiger Brutvogel in ganz Europa, der im tropischen Afrika überwintert. Bewohnt buschige Bereiche in Wäldern, Parks und Gärten, kommt aber auch in Hecken und größeren Gebüschen in der offenen Landschaft vor.
Wissenswertes Auf dem Zug ins afrikanische Winterquartier lagern Gartengrasmücken in Europa allmählich große Fettreserven als »Treibstoff« für die Überquerung der Sahara an, bis sie schließlich in Nordafrika ihr Gewicht im Vergleich zum Ausgangswert verdoppelt haben. Dabei fressen sie neben Insekten gern auch Beeren.

Zilpzalp

Phylloscopus collybita

> dunkle Beine
> monotoner Gesang
> März bis Oktober

Merkmale Länge 10–12 cm; kleiner, dunkler und kurzflügeliger als Fitis; Beine meist dunkelbraun bis schwarz. Gesang charakteristisch: monoton abwechselnd »zilp-zalp« – bis zu einhundertmal hintereinander.
Vorkommen Brütet im größten Teil Europas in Wäldern und anderen Lebensräumen mit Bäumen. In Südeuropa ganzjährig, sonst Zug zum Mittelmeerraum.
Wissenswertes Kleine Insekten werden bevorzugt von Blättern aufgelesen, häufig mit kurzem Rüttelflug von der Blattunterseite.

Fitis

Phylloscopus trochilus

> helle Beine
> melodischer Gesang
> April bis September

Merkmale Länge 11–12 cm; Oberseite grünlich grau, Unterseite weißlich bis gelblich, Überaugenstreif gelb. Beine gelb bis hellbraun. Melancholischer, abfallender Gesang (»Buchfink in Moll«).
Vorkommen Häufiger Brutvogel in der Nordhälfte von Europa, meist in lichten Wäldern, aber auch in Feldgehölzen. Überwintert von West- bis Südafrika.
Wissenswertes Obwohl die Nahrungssuche meist hoch in den Bäumen erfolgt, befindet sich das Nest am Fuß von Bäumen am Boden. Der Langstreckenzieher Fitis hat längere Flügel als der Kurzstreckenzieher Zilpzalp.

Waldlaubsänger

Phylloscopus sibilatrix

> gelbe Kehle, weißer Bauch
> kräftig grüne Oberseite
> April bis September

Merkmale Länge 11–13 cm; etwas größer und kräftiger gefärbt als Fitis und Zilpzalp: Unterseite rein weiß, Kehlregion gelb. Zwei Gesänge: scharfes Schwirren und eine Reihe abfallender Flötentöne.
Vorkommen Brütet in weiten Teilen Europas in unterwuchsarmen Laub- und Mischwäldern und überwintert in West- und Zentralafrika.
Wissenswertes Mit dem Schwirrgesang markiert das Männchen die Grenzen seines Reviers, die flötenden Strophen ertönen bei Anwesenheit eines Weibchens.

Wintergoldhähnchen

Regulus regulus

> sehr klein
> Scheitelstreif gelb oder orange
> Oberseite gräulich grün

Merkmale Länge 8–9 cm; kleinster europäischer Vogel; überwiegend grün bis grünlich, Flügelbinden weiß, Scheitelstreif gelb (Weibchen) oder orange (Männchen), Augenring weiß. Stimme sehr hoch und wispernd. Gesang rhythmisch und zum Strophenende beschleunigend, Rufe »srri« (meist zwei- bis vierfach).

Vorkommen Zumeist Jahresvogel, in Nordeuropa Zugvogel. Brütet in Nadel- und Mischwäldern, zur Zugzeit aber weniger stark an Nadelbäume gebunden.

Wissenswertes Rastlos huschen und schlüpfen Wintergoldhähnchen durch die dichten Zweige von Nadelbäumen und nehmen dabei kleinste Insekten und Spinnen auf. Dabei können sie auch kopfüber an den Zweigen hängen. Mitunter vollführen sie auch kurze Schwirrflüge, um Beute von den Zweigspitzen zu picken.

Gartentipp Außerhalb der Brutzeit halten sich Wintergoldhähnchen mitunter in Gärten mit Koniferen auf, auch in gemischten Trupps mit Meisen.

Sommergoldhähnchen

Regulus ignicapilla

> Kopf gelb-schwarz-weiß gestrei
> Oberseite leuchtend grün
> März bis November

Merkmale Länge 9–10 cm; ähnlich Wintergoldhähnchen, aber grüne Oberseite leuchtender und Kopfzeichnung mit zusätzlichem weißen Überaugenstreif viel markanter; Flügelbinden weiß. Der sehr hohe Gesang ist kürzer und einförmiger als beim Wintergoldhähnchen und besteht praktisch nur aus dessen ansteigendem und schneller werdendem Schlussteil. Rufe sehr ähnlich wie beim Wintergoldhähnchen.

Vorkommen Brütet in den Nadel-, Misch- und Laubwäldern Mittel- und Südeuropas. Mitteleuropäische Vögel überwintern im westlichen Mittelmeerraum.

Wissenswertes Im Vergleich zu ihrer Schwesterart sind Sommergoldhähnchen weniger stark an Nadelbäume gebunden. Zum Brüten bevorzugen sie aber Nadelbäume, wo sie ihre kugelförmigen Nester in mehr als 10 m Höhe an der Astunterseite mit Zweigen verflechten. Die Gelege können bis zu 13 Eier enthalten, die jeweils nur 0,6 g wiegen.

Trauerschnäpper

Ficedula hypoleuca

> schwarz-weiße Oberseite
> weiße Unterseite
> April bis September

Merkmale Länge 12–14 cm; Oberseite bei Männchen schwarz (Skandinavien, große Abbildung) oder schwärzlich (Mitteleuropa), bei Weibchen dunkelbraun (kleine Abbildung), jeweils mit weißem Flügelfeld, Unterseite weiß. Die Gesangsstrophen beginnen mit lautem Auf und Ab (»wuti-wuti«), dem ein leiseres und variables Zwitschern folgt.
Vorkommen Brütet in Baumhöhlen in Wäldern und großen Gärten Mittel-, Ost- und Nordeuropas. Überwintert im tropischen Regenwald des mittleren Afrika.
Wissenswertes Trauerschnäpper fangen Insekten, die sie vom Ansitz aus erspähen und in kurzem Flug in der Luft oder am Boden erbeuten. Viele Männchen haben zwei Brutreviere und müssen sich entsprechend um zwei Weibchen und deren Nachwuchs kümmern.
Vorkommen Trauerschnäpper brüten gern in Nistkästen. Da sie in Konkurrenz mit Kohlmeisen unterlegen sind, sollten für sie bestimmte Nistkästen erst bei ihrer Ankunft – Mitte April – aufgehängt werden.

Halsbandschnäpper

Ficedula albicollis

> weißer Halsring
> weißer Bürzel
> Mai bis Juli

Merkmale Länge 12–14 cm; sehr ähnlich dem Trauerschnäpper, aber Männchen mit weißem Halsband; Weibchen nur am größeren weißen Fleck im Handflügel erkennbar. Gesang leiser und langsamer als beim Trauerschnäpper, oft mit arttypischem, lang gezogenem »iip«, das häufig auch als einzelner Ruf zu hören ist.
Vorkommen Brutvorkommen von Süddeutschland und Italien ostwärts bis Südrussland, Überwinterung im südlichen Afrika. Bewohnt lichte Wälder, Parks, Obstgärten und Feldgehölze mit toten Bäumen.
Wissenswertes In natürlichen Lebensräumen baut der Halsbandschnäpper sein Nest gern in alten Spechthöhlen, bevorzugt im Kronenbereich der Bäume.
Gartentipp Wo natürliche Baumhöhlen fehlen, sind Nistkästen ein willkommener Ersatz. Besonders gern nehmen Halsbandschnäpper – ebenso wie Trauerschnäpper – Nistkästen mit ovalem Einflugloch an.

Grauschnäpper
Muscicapa striata

> graubraune Oberseite
> zarte Bruststrichelung
> Mai bis September

Merkmale Länge 13–15 cm; oben graubraun, unten weißlich mit leichter Bruststrichelung; relativ langschwänzig. Gesang aus leisen, teilweise kratzenden Tönen. Ruft dünn »ssri« oder warnend »zi-teck«.
Vorkommen Brütet in Europa in lichten Wäldern, Parks und Gärten. Überwintert in Afrika südlich der Sahara.
Wissenswertes Grauschnäpper sind typische Halbhöhlenbrüter und in ihrer Nistplatzwahl sehr vielseitig. Als Nistplätze dienen Nischen in Baumstämmen oder an Hauswänden, sie brüten aber auch in halboffenen Nistkästen.

Nachtigall
Luscinia megarhynchos

> oben braun, Schwanz rötlich
> lauter Gesang
> April bis September

Merkmale Länge 15–17 cm; Oberseite warm braun, Schwanz rotbraun, Unterseite weißlich, Brust höchstens schwach bräunlich getönt. Sehr lauter Gesang aus wuchtigen und zugleich melodischen Abschnitten, meist mit einer »Crescendo-Strophe« aus flötenden Tönen.
Vorkommen Brütet in Gehölzen mit dichtem Unterwuchs in Mittel- und Südeuropa, auch im Bereich von Siedlungen. Überwintert südlich der Sahara in Afrika.
Wissenswertes Sehr heimlicher Bodenvogel, der nur selten zu sehen ist. Der auffällige Gesang ist vor allem nachts zu hören.

Sprosser
Luscinia luscinia

> oben graubraun, Brust gefleckt
> lauter Gesang
> Mai bis August

Merkmale Länge 15–17 cm; sehr ähnlich der Nachtigall, aber Oberseite und Schwanz weniger warm getönt, Brust diffus gefleckt. Auch Gesang ähnlich, aber abgehackter und härter klingend, ohne »Crescendo-Strophe«.
Vorkommen Brütet von Südskandinavien und Norddeutschland bis Sibirien, überwintert in Ostafrika. Lebt in feuchten Laubwäldern, oft nahe Gewässern.
Wissenswertes Mit etwas Glück kann man im dichten Gebüsch singende Sprosser entdecken. Bei der Suche nach Käfern, Ameisen und anderen Insekten bleiben sie aber meist gut unter den Büschen verborgen.

Rotkehlchen

Erithacus rubecula

> orangerote Brust
> graue Halsseiten
> perlender Gesang

Merkmale Länge 13–14 cm; rundliche Gestalt, Gesicht und Brust orangerot mit grauer seitlicher Umrahmung, restliche Unterseite weißlich und Oberseite braun. Perlender Gesang aus abfallenden Strophen, der gelegentlich auch im Winter zu hören ist. Feine »tick«-Rufe, auch in Serien.
Vorkommen In ganz Europa häufiger Brutvogel in Wäldern, Parks und Gärten; meist Jahresvogel, in Nordeuropa aber größtenteils Zugvogel.
Wissenswertes Rotkehlchen halten sich zur Nahrungssuche meist am Boden auf, besuchen aber gern auch Futterhäuser. Nord- und osteuropäische Rotkehlchen überwintern im Mittelmeerraum, wo sie in großen Mengen von Menschen gefangen und gegessen werden.
Gartentipp Naturnah belassene Ecken im Garten ermöglichen es den Rotkehlchen, ihre Nester unter Grasbüscheln, an Kletterpflanzen oder in anderen bodennahen Höhlungen zu bauen. An Futterstellen sollte dem Rotkehlchen auch Weichfutter angeboten werden.

Gartenrotschwanz

Phoenicurus phoenicurus

> orangeroter Schwanz
> Unterseite orange
> April bis September

Merkmale Länge 13–14 cm; Schwanz orangerot; Männchen unten kräftig orange, oben grau, Kopf schwarz mit weißer Stirn (große Abbildung); Weibchen ähnlich Hausrotschwanz, aber wärmer braun gefärbt (kleine Abbildung). Die Unterseite ist stets heller als die Oberseite und meist orange getönt. Der Gesang beginnt mit einem hohen und zwei tieferen Tönen (»didada«), gefolgt von einigen schwatzenden Lauten und Imitationen anderer Vogelstimmen.
Vorkommen Brütet in ganz Europa, überwintert südlich der Sahara in Afrika. Lebt in lichten Wäldern, Parks und Gärten.
Wissenswertes In Europa haben die Brutbestände dramatisch abgenommen. Gründe dafür sind Lebensraumverluste bei uns und Dürreperioden im afrikanischen Winterquartier, aber auch Eierraub durch Eichhörnchen, Siebenschläfer und Marder.
Gartentipp Nistkästen ermöglichen diesem gefährdeten Höhlenbrüter die Fortpflanzung. Der Gartenrotschwanz bevorzugt dabei ovale Einfluglöcher.

Hausrotschwanz

Phoenicurus ochruros

> orangeroter Schwanz
> Körper ganz schwarz oder braun
> März bis Oktober

Merkmale Länge 13–14 cm; alte Männchen mit grauschwarzem Gefieder und weißem Flügelfeld (große Abbildung); Weibchen (kleine Abbildung) und einjährige Männchen fast einfarbig dunkelbraun. Schwanz orangerot, oft zitternd. Gesang hell klingende Tonreihe, gefolgt von lang gestrecktem, rauem Fauchen und weiteren hellen Tönen.
Vorkommen Häufiger Sommervogel in Mittel- und Osteuropa, ganzjährig in Westeuropa und im Mittelmeerraum.
Wissenswertes Als Felsbrüter waren Hausrotschwänze ursprünglich auf Gebirgsregionen beschränkt. Seit dem 19. Jahrhundert breiteten sie sich über flachere Landschaften aus und besiedeln seitdem großflächig auch vom Menschen geschaffene »Felslandschaften« wie Siedlungen, Industrieareale und Kiesgruben.
Gartentipp Das Nest wird in Nischen und Spalten an oder sogar in Häusern gebaut. An neueren Gebäuden können Halbhöhlen-Nistkästen die Ansiedlung fördern.

Braunkehlchen

Saxicola rubetra

> heller Überaugenstreif
> orangebraune Brust
> April bis September

Merkmale Länge 12–14 cm; oben braun, unten weiß mit orangefarbener Brust; Männchen (Abbildung) mit schwarzen Kopfseiten und weißem Überaugenstreif, Weibchen und Jungvögel am Kopf braun mit hell beigefarbenem Überaugenstreif. Kurze Gesangsstrophen aus flötenden, aber auch aus kratzig klingenden Tönen.
Vorkommen Bewohnt feuchte Wiesen, auf dem Zug auch andere offene Lebensräume. Brütet in fast ganz Europa und überwintert südlich der Sahara in Afrika.
Wissenswertes Braunkehlchen findet man in der Regel auf Zaunpfählen, hohen Stauden oder Buschspitzen, von denen aus sie nach am Boden lebenden Insekten Ausschau halten. Die Beute wird dann mit kurzen Flügen vom Boden oder aus der Luft gefangen. Im Zuge der Intensivierung der Landwirtschaft haben Braunkehlchen in Mitteleuropa mehr als die Hälfte ihres Bestandes eingebüßt. Besonders auf frühe Mahdtermine von Wiesen reagieren sie empfindlich.

Sumpfmeise

Parus palustris

> Kopfplatte und Kinnfleck schwarz
> Oberseite braun
> keine Flügelbinde

Merkmale Länge 11–13 cm; oben braun, unten bräunlich bis weißlich, Kopfseiten weiß, aber Kopfplatte und Kinnfleck glänzend schwarz, kleiner Schnabel. Zeternde Rufe, Gesang monotone Tonreihe.
Vorkommen Bewohnt Laub- und Mischwälder in weiten Bereichen Europas. Im Winter auch in Gärten.
Wissenswertes Sumpfmeisen bevorzugen Bruthöhlen – auch Nistkästen – mit kleinen Einfluglöchern, um der Konkurrenz durch die stärkeren Kohlmeisen zu entgehen und möglichst gut vor Nesträubern geschützt zu sein.

Weidenmeise

Parus montanus

> ähnlich Sumpfmeise
> größerer Kinnfleck
> helles Flügelfeld

Merkmale Länge 12–13 cm; sehr ähnlich der Sumpfmeise, aber mit größerem schwarzen Kinnfleck, bulligerem Kopf und hellem Flügelfeld; Kopfplatte mattschwarz. Rufe ähnlich Sumpfmeise, aber behäbiger (breit »dää-dää-dää«). Gesang aus Reihe abfallender Pfeiftöne.
Vorkommen Ganzjährige Bewohner von Wäldern aller Art von Mitteleuropa bis Ostasien. Im Winter vielerorts auch in Gärten.
Wissenswertes Im Gegensatz zu den anderen Meisen zimmern sich Weidenmeisen ihre Bruthöhlen meist selbst in morsches Holz, benutzen aber auch fertige Höhlen.

Haubenmeise

Parus cristatus

> graue Federhaube
> schwarze Kehle
> keine Flügelbinde

Merkmale Länge 10–12 cm; hübsche kleine Meise mit auffälliger schwarz-weißer Haube, weißem Gesicht, schwarzem Kinn, brauner Oberseite und bräunlicher Unterseite. Trillernde Rufe, denen beim Gesang feinere Zwitschertöne hinzugefügt werden.
Vorkommen Jahresvogel in fast ganz Europa. Lebt in Nadelwäldern, im Vergleich zu anderen Meisenarten seltener in offenem Gelände zu sehen.
Wissenswertes Durch die Anpflanzung von Nadelwäldern haben Haubenmeisen in den letzten 100 Jahren in Deutschland stark zugenommen.

Tannenmeise

Parus ater

> schwarz-weißes Kopfmuster
> graue Oberseite
> zwei weiße Flügelbinden

Merkmale Länge 10–12 cm; kleine Meise mit schwarz-weißem Kopf, blaugrauer Oberseite und bräunlicher Unterseite. Singt gleichförmige Strophen aus zwei sich abwechselnden Tönen (»wize-wize-wize«), die weniger kräftig klingen als die der Kohlmeise.

Vorkommen Im größten Teil Europas Jahresvogel, der in Nadelwäldern lebt, aber auch Gärten mit älteren Koniferen besiedelt. In Jahren mit viel Nachwuchs finden invasionsartige Wanderungen statt, die von Nord- und Osteuropa aus in die zentralen Bereiche des Kontinents führen.

Wissenswertes Häufiger als bei anderen Meisen benutzen Tannenmeisen Erdlöcher in Böschungen oder Höhlungen in Steinmauern zum Brüten, besonders dann, wenn Baumhöhlen knapp oder von anderen Vogelarten besetzt sind. In Mitteleuropa haben in jüngerer Zeit durch Abgase hervorgerufene Waldschäden stellenweise zu starker Bestandsabnahme geführt, da alte Bäume als Lebensraum verloren gingen und sich das Nahrungsangebot verschlechterte.

Blaumeise

Parus caeruleus

> Kopf blau-weiß
> Unterseite gelb ohne Mittelstreif
> eine weiße Flügelbinde

Merkmale Länge 10–12 cm; blau-weißer Kopf, grünliche bis bläuliche Oberseite und gelbe Unterseite. Zwar sind viele Rufe schwer von denen der Kohlmeise zu unterscheiden, doch ist der Gesang ein typischer, von zwei höheren Tönen eingeleiteter Triller.

Vorkommen Jahresvogel in fast ganz Europa, im Norden auch Zugvogel mit in manchen Jahren invasionsartigen Einflügen nach Mittel- und Westeuropa. Lebt in Gehölzen, Wäldern und Gärten, im Winter auch im Schilf.

Wissenswertes Ähnlich den Kohlmeisen sind Blaumeisen im Winterhalbjahr eher Körnerfresser und im Sommerhalbjahr überwiegend Insektenfresser. Aber auch im Winter verzichten sie nicht auf Insektennahrung, denn sie können in Schilfhalmen verborgene Insekten und deren Larven mit dem Schnabel heraushacken.

Gartentipp Blaumeisen sind häufige Gartenbewohner. Sie benutzen Nistkästen zum Brüten und besuchen im Winter Futterhäuser und Meisenringe.

Kohlmeise

Parus major

- schwarzer Kopf mit weißen Seiten
- unten gelb, schwarzer Mittelstreif
- eine weiße Flügelbinde

Merkmale Länge 13–15 cm; schwarzer Kopf mit großem weißen Wangenfleck, Oberseite grünlich bis bläulich und Unterseite gelb mit schwarzem Mittelstreif, der bei Männchen breit und kräftig (Abbildung oben), bei Weibchen schmal und schwach ausgeprägt ist (Abbildung unten); Jungvögel sind unterseits weniger intensiv gelb gefärbt. Kohlmeisen sind ungemein stimmfreudig und verfügen über ein großes Repertoire an Rufen und Gesängen. Oft hört man Rufe wie »pink« oder ein heiseres »schä-schä-schä«. Die häufigsten Gesangsstrophen sind rhythmische, aber monoton wiederholte Tonreihen wie »zita-zita-zita...« oder »zizibää-zizibää«.

Vorkommen Häufiger Jahresvogel in ganz Europa. Brütet in den verschiedensten Lebensräumen mit Bäumen, besonders in Wäldern, Parks und Gärten. In Nordeuropa ist ein Teil der dort brütenden Kohlmeisen Zugvogel.

Wissenswertes Kohlmeisen-Gelege bestehen meist aus acht bis neun Eiern, ein Paar kann bis zu dreimal im Jahr brüten. Im Winter streifen Kohlmeisen gern in Trupps umher, zu denen sich oft andere Meisen, Baumläufer und Kleiber gesellen. Sowohl bei der Nahrungssuche in solchen Trupps als auch bei der Konkurrenz um Bruthöhlen sind Kohlmeisen den anderen Meisen überlegen.

Gartentipp Kohlmeisen gehören zu den häufigsten Gartenbewohnern unter den Vögeln. Meist sind sie die ersten, die aufgehängte Nistkästen beziehen. Ihr Nest bauen sie aber notfalls auch in anderen Höhlungen, z. B. in Briefkästen, Mauernischen oder Schwalbennestern. An winterlichen Futterstellen lässt sich gut beobachten, wie Kohlmeisen Sonnenblumenkerne mit dem Schnabel öffnen.

Schwanzmeise

Aegithalos caudatus

> Körper klein und weißlich
> sehr langer Schwanz
> winziger Schnabel

Merkmale Länge 13–15 cm; schwarz-weiß-braunes Federbällchen mit einem sehr langen Schwanz. Mittel- und südeuropäische Vögel haben einen schwarzen Streif an der Kopfseite. Vögel mit rein weißem Kopf stammen aus Nordeuropa. Fast ununterbrochen werden hohe oder schnurrende Rufe geäußert. Der leise zwitschernde Gesang ist dagegen selten zu hören.
Vorkommen Jahresvogel in ganz Europa. Brütet vor allem in Laub- und Mischwäldern, im Winter auch in offenerem Gelände.
Wissenswertes Schwanzmeisen bauen kugelförmige Nester, die sich oft niedrig in Büschen, gelegentlich aber bis zu 30 m hoch in Bäumen befinden. Außerhalb der Brutzeit streifen sie in Trupps von zehn bis 20 Vögeln scheinbar rastlos durch die Gegend. Dennoch hat jeder Trupp sein eigenes Nahrungsrevier, das gegen andere Trupps verteidigt wird.
Gartentipp Immer häufiger besuchen Schwanzmeisen auch winterliche Futterstellen in Gärten.

Kleiber

Sitta europaea

> oben blaugrau, unten orange
> kurzer Schwanz
> kräftiger Schnabel

Merkmale Länge 12–15 cm; flache, kurzschwänzige Gestalt mit kräftigem Schnabel; blaugraue Oberseite, gelborange Unterseite und schwarzer Augenstreif. Ruft viel und laut, meist Serien von Rufen.
Vorkommen Jahresvogel in Laub- und Mischwäldern, Parks und Gärten in fast ganz Europa.
Wissenswertes Als einzige Vögel klettern Kleiber mit dem Kopf voran an Baumstämmen herab. Bei der Nahrungssuche ist der Schnabel ein wichtiges Werkzeug. Er wird zum Stochern nach Insekten und deren Larven unter der Rinde oder in morschem Holz ebenso benutzt wie zum Aufhacken von Haselnüssen und anderen hartschaligen Samen.
Gartentipp Kleiber können im Garten an Bäumen aufgehängte Nistkästen zum Brüten benutzen. Ist ihnen das Einflugloch zu groß, dann kleben sie es teilweise mit Lehm zu – daher der Name »Kleiber«. Ist es zu klein, hacken sie es mit dem Schnabel auf – deshalb werden sie auch »Spechtmeise« genannt.

Gartenbaumläufer

Certhia brachydactyla

> Oberseite braun
> Unterseite schmutzig weiß
> pfeifender Gesang

Merkmale Länge 12–14 cm; oben braun gemustert, unten weiß (hinten schmutzig), spechtartiger Stützschwanz; Schnabel etwas länger als bei Waldbaumläufer, Hinterkralle relativ kurz. Gesang aus aufsteigender Reihe von Pfeiftönen. Häufige scharfe »tüt«-Rufe, die weit zu hören sind.
Vorkommen Jahresvogel in Laubwäldern, Parks und Gärten in Mittel-, West- und Südeuropa.
Wissenswertes Baumläufer übernachten in Stammspalten oder hinter Rindenstücken, meist einzeln oder zu zweit. Bei Kälte kuscheln sich im Winter bis zu 20 Vögel aneinander, um Wärmeverluste zu vermeiden. Davon abgesehen sieht man selten mehr als einen oder zwei Baumläufer zusammen, auch wenn sie sich größeren Trupps von Meisen angeschlossen haben. Nach dem Ausfliegen der meist fünf bis sechs Jungvögel bleibt die Familie allerdings noch einige Tage zusammen.
Gartentipp Für Baumläufer gibt es spezielle Nistkästen. Brutplätze kann man ihnen auch anbieten, indem man zu einer Tasche gebogene Zweigbündel am Baumstamm befestigt.

Waldbaumläufer

Certhia familiaris

> Oberseite braun
> Unterseite rein weiß
> trillernder Gesang

Merkmale Länge 12–14 cm; sehr ähnlich dem Gartenbaumläufer, aber leicht gebogener Schnabel und relativ lange Hinterkralle. Die feinen Unterschiede sind im Freiland meist schwer zu erkennen, sodass den Lautäußerungen eine wichtige Rolle bei der Bestimmung zukommt. Gesang aus feinen Trillern, etwas an den der Blaumeise erinnernd. Die feinen Rufe sind hoch und rau (»srrie«) und ähneln denen von Goldhähnchen.
Vorkommen Jahresvogel in Nadel- und Mischwäldern, im Winter gelegentlich in Gärten.
Wissenswertes Baumläufer klettern bei der Nahrungssuche wie Spechte an Baumstämmen und großen Ästen hinauf. Oben angekommen, fliegen sie zum unteren Bereich des nächsten Baums und steigen erneut empor. Auf diese Weise können täglich bis zu 3 km Kletterstrecke zurückgelegt werden. Mit ihrem länglichen Schnabel picken sie Insekten und andere Wirbellose aus der Borke und hängen dabei manchmal auch kopfüber an der Unterseite eines Astes.

Neuntöter

Lanius collurio

> schwarze Maske
> kräftiger Hakenschnabel
> Mai bis September

Merkmale Länge 16–18 cm; bei Männchen (links) Rücken braun, Bürzel und Kopf grau, Unterseite blassrosa, schwarze Maske und schwarz-weißer Schwanz; Weibchen (rechts) viel blasser und unten gebändert; kräftiger Hakenschnabel. Gesang ein kaum hörbares Schwatzen, Alarmruf ein raues »dschää«.
Vorkommen Brütet in Hecken und Gebüschen offener Kulturlandschaften in fast ganz Europa. Überwintert von Zentral- bis Südafrika.
Wissenswertes Erbeuten Neuntöter einen Überschuss an Insekten und Mäusen, so spießen sie diesen als Vorrat für knappere Zeiten an Dornen auf.

Pirol

Oriolus oriolus

> amselgroß
> Schnabel groß, rötlich
> Mai bis September

Merkmale Länge 22–25 cm; Männchen (Abbildung) leuchtend gelb mit schwarzen Flügeln, Weibchen gelblich grün mit gestrichelter Unterseite. Singt seinen Namen mit melodischen Flötentönen; Rufe klingen heiser.
Vorkommen Brütet in Laubwäldern Süd-, Mittel- und Osteuropas und zieht zum Überwintern ins südliche Afrika.
Wissenswertes Pirole leben überwiegend versteckt und gut getarnt in den Baumkronen und machen sich nur durch ihren Gesang bemerkbar. Am liebsten fressen sie große Raupen und Käfer, doch nehmen sie gern auch Beeren zu sich.

Tannenhäher

Nucifraga caryocatactes

> dicht weiß gefleckt
> braune Kappe
> Unterschwanz weiß

Merkmale Länge 32–35 cm; braunes, weiß getupftes Gefieder; Unterschwanz und Schwanzendbinde weiß; kräftiger schwarzer Schnabel. Schnarrende Rufe, die rauer und schriller klingen als beim Eichelhäher.
Vorkommen Bewohnt Nadelwälder in den Alpen, in Mittelgebirgen und Nordosteuropa; gelegentlicher Gast in Gärten.
Wissenswertes Tannenhäher fressen in erster Linie Nüsse und Nadelbaumsamen. Ab dem Spätsommer vergraben sie diese im Boden als Vorräte für den Winter und für die Jungenaufzucht im folgenden Sommer.

Eichelhäher

Garrulus glandarius

- Rücken und Bauch bräunlich rosa
- blau-schwarzes Flügelfeld
- weißer Bürzel

Merkmale Länge 32–35 cm; Körpergefieder bräunlich rosa, Schwanz schwarz, Bürzel weiß; schwarzer Bartstreif und blauschwarz gemusterte Flügeldecken. Am häufigsten sind die weit durch den Wald dringenden rätschenden Rufe zu hören. Neben einer Vielzahl anderer Rufe gelegentlich auch solche, die einem Bussard zum Verwechseln ähnlich sind (»hijäh«).
Vorkommen In ganz Europa Jahresvogel in Wäldern, besonders im Winter auch im Siedlungsbereich.
Wissenswertes Eichelhäher sind eigentlich Standvögel, die im Bereich ihres Brutreviers überwintern. Bei Nahrungsarmut führen sie jedoch invasionsartige Wanderungen durch.
Gartentipp Im Herbst kann man im Garten gut beobachten, wie Eichelhäher mit Eicheln oder Nüssen im Schnabel fliegen, um sie im Boden als Wintervorrat zu verscharren. Dazu graben sie mit Schnabelhieben für jede Frucht ein Loch. Nicht wiedergefundene Früchte tragen zur Verbreitung der entsprechenden Baumarten bei.

Elster

Pica pica

- sehr langer Schwanz
- schwarz-weißes Gefieder
- schackernde Rufe

Merkmale Länge 40–51 cm; unverwechselbarer, schwarzweißer Vogel mit langem Schwanz. Schwarze Gefiederpartien können bei bestimmten Lichtbedingungen grünlich bis bläulich glänzen. Lautes Schackern, oft mehrsilbig.
Vorkommen In ganz Europa Jahresvogel in Gehölzen und Hecken, auch im Siedlungsbereich und in Parkanlagen.
Wissenswertes Durch die Ausräumung der Landschaft sind Elstern in den letzten Jahrzehnten verstärkt in Städte und Dörfer eingewandert. In Laubbäumen sind dort ihre kugelförmigen Nester aus Reisig gut erkennbar, in Nadelbäumen sind sie dagegen besser versteckt.
Gartentipp Zur Brutzeit kann man beobachten, wie anfliegende Elstern von anderen Singvögeln beschimpft und attackiert werden. Dies dient der Verteidigung der eigenen Brut, denn als Allesfresser erbeuten Elstern gelegentlich auch Jungvögel. Dennoch haben Elstern nachweislich keinen negativen Einfluss auf die Bestandsentwicklung anderer Vögel.

Saatkrähe
Corvus frugilegus

> › Schnabel spitz, heller Ansatz
> › komplett schwarzes Gefieder
> › Schwanzende rundlich

Merkmale Länge 41–49 cm; schwarzes Gefieder, am Schnabelansatz weißliche, nackte Hautstelle. Rufe klingen heiserer und tonloser als bei der Rabenkrähe.
Vorkommen Lokaler Brutvogel in Mittel- und Westeuropa, aber weit verbreitet in Osteuropa. Dortige Brutvögel ziehen zum Überwintern nach Mittel- und Südeuropa.
Wissenswertes Saatkrähen brüten in dichten Kolonien hoch in großen Bäumen, oft inmitten von Siedlungen. Gesellig sind sie auch bei der Nahrungssuche und beim Nächtigen an großen Schlafplätzen mit im Winter bis zu 150 000 Vögeln.

Rabenkrähe
Corvus corone

> › kräftiger, schwarzer Schnabel
> › komplett schwarzes Gefieder
> › Schwanzende gerade

Merkmale Länge 44–51 cm; schwarzes Gefieder, Schnabel schwarz und mit gebogenem First. Krächzende Rufe, die meist drei- bis viermal wiederholt werden.
Vorkommen Jahresvogel von Mittel- bis Südwesteuropa.
Wissenswertes Rabenkrähen sind allgegenwärtige Vögel in der offenen Landschaft, kommen aber auch in Siedlungen vor. Brutvögel sind wenig gesellig; sonst werden gern Trupps gebildet, die meist kleiner sind als bei den Saatkrähen. Als Aasfresser profitieren Rabenkrähen von durch den Verkehr getöteten Tieren am Straßenrand.

Nebelkrähe
Corvus cornix

> › Rücken und Bauch grau
> › Kopf, Kehle und Flügel schwarz
> › krächzende Rufe

Merkmale Länge 44–51 cm; ähnlich Rabenkrähe, aber Bauch und Rücken hellgrau. Stimme wie Rabenkrähe.
Vorkommen Jahresvogel in der Osthälfte Europas, in Nordosteuropa Zugvogel.
Wissenswertes Raben- und Nebelkrähen wurden bis vor Kurzem als zu einer Art (»Aaskrähe«) gehörig betrachtet. Ihre Verbreitungsgebiete überschneiden sich nur in einem schmalen Bereich, der etwa entlang der Elbe verläuft. Dort gibt es Mischbruten aus Raben- und Nebelkrähen. Die Gefiederfärbung des Nachwuchses nimmt mit etwas weniger grauem Gefieder eine Mittelstellung ein.

Dohle
Corvus monedula

> Gefieder gräulich schwarz
> Hinterkopf grau
> ruffreudig

Merkmale Länge 30–34 cm; kleine Krähenart mit überwiegend schwarzem, am Kopf grauem Gefieder. Auffällige, bellende »kjack«-Rufe.
Vorkommen Ganzjährig von Südeuropa bis Südskandinavien. Osteuropäische Dohlen verbringen den Winter in Mitteleuropa. Bruthöhlen befinden sich sowohl im Wald als auch in felsiger Landschaft.
Wissenswertes Als gesellige Vögel bilden Dohlen oft Brutkolonien und gehen fast immer im Trupp auf Nahrungssuche. Im Winter bilden sie gemeinsam mit Saatkrähen große Schwärme. An Schlafplätzen treten sie auch zusammen mit Raben- und Nebelkrähen auf.
Gartentipp Vielerorts brüten Dohlen im Siedlungsbereich, obwohl durch Sanierung und Vergitterung gegen Haustauben Brutplätze verloren gegangen sind. Besonders im Winter bevölkern Dohlen größere Rasenflächen zwischen Häusern, um dort Nahrung zu suchen.

Star
Sturnus vulgaris

> schwarzes Gefieder mit Flecken
> metallischer Glanz
> imitationsreicher Gesang

Merkmale Länge 19–22 cm; knapp drosselgroß mit schwarzem, metallisch glänzendem Gefieder; im Winter stark gefleckt; Schnabel im Sommer gelb, im Winter schwärzlich; Jungvögel zunächst braun, bis September ins Alterskleid mausernd. Quietschender und pfeifender Gesang mit reichhaltigem Repertoire an Imitationen anderer Vogelstimmen.
Vorkommen Jahresvogel in Mittel- und Südeuropa, Zugvogel in Nord- und Osteuropa. Brütet in Baumhöhlen in Wäldern und Dörfern, nistet auch an Gebäuden. Nahrungssuche auf Feldern und Wiesen.
Wissenswertes Stare sind sehr gesellig, bilden oft Brutkolonien und gehen truppweise auf Nahrungssuche. Nach der Brutzeit und auf dem Zug bilden sie große Schwärme.
Gartentipp Stare beziehen gern Nistkästen mit großem Einflugloch. In Gärten sind sie wegen ihrer Vorliebe für Kirschen oft nicht gern gesehen, doch machen sie sich durch die Vertilgung zahlreicher Insekten auch nützlich.

Haussperling

Passer domesticus

> dicker Schnabel
> Oberseite gestreift braun
> Männchen: schwarzer Kehllatz

Merkmale Länge 14–16 cm; Männchen (große Abbildung) oben kastanienbraun mit schwarzer Streifung; Oberkopf, Kopfseiten und Unterseite grau, schwarzer Kehllatz; Weibchen (kleine Abbildung) oben braunschwarz gestreift und unten grau. Verschiedene schilpende und ratternde Rufe. »Gesang« aus einer Reihe langsam wiederholter »schilp«-Rufe.
Vorkommen In ganz Europa Jahresvogel in Siedlungen, Nahrungssuche auch auf Feldern.
Wissenswertes Haussperlinge gehören zu den typischsten Bewohnern menschlicher Siedlungen und sind in solchen nach verschiedenen Einbürgerungen fast weltweit vertreten. Die Nahrungssuche erfolgt fast immer in Trupps, die Schutz vor Angriffen von Greifvögeln oder Katzen bieten.
Gartentipp Haussperlinge sind häufige Besucher von Futterstellen und Brutvögel an Häusern. Da Sanierungen kaum noch Schlupflöcher übrig lassen, profitieren sie von Nistkästen mit mehreren Kammern und Einfluglöchern, in denen sie kleine Kolonien gründen können.

Feldsperling

Passer montanus

> Oberkopf kastanienbraun
> weiße Wange mit schwarzem Flec
> weißer Nackenring

Merkmale Länge 13–14 cm; ähnlich Haussperling, aber etwas kleiner, Oberkopf rotbraun und weiße Wange mit schwarzem Fleck. Stimme ähnlich Haussperling, häufig aber härtere und rauere Rufe.
Vorkommen Jahresvogel von Südeuropa bis Südskandinavien. Lebt in Dörfern und Gärten, häufiger als Haussperlinge in offener Landschaft.
Wissenswertes Außerhalb der Brutzeit bilden Feldsperlinge große Trupps, in denen sie oft gemeinsam mit Goldammern und verschiedenen Finkenarten der Nahrungssuche nachgehen. Die Intensivierung der Landwirtschaft hat in vielen Teilen Europas zu Bestandseinbußen geführt, da Biozideinsatz und frühes Umpflügen von Äckern zu Nahrungsengpässen führen.
Gartentipp Feldsperlinge zeigen Menschen gegenüber zwar größere Scheu als Haussperlinge, dennoch brüten sie auch in Gärten. Finden sie keine Baumhöhlen vor, benutzen sie auch Nistkästen.

Buchfink

Fringilla coelebs

> lauter Gesang
> Flügel schwarz-weiß
> Männchen mit graublauer Kappe

Merkmale Länge 14–16 cm; bei Männchen (große Abbildung) Unterseite und Gesicht rostrot, Oberkopf graublau und Rücken braun; Weibchen (kleine Abbildung) unten hellbeige und oben graubraun; alle Vögel mit weißen Flügelbinden. Laut schmetternder, in der Tonhöhe abfallender Gesang mit Überschlag am Ende. Das Repertoire an Rufen umfasst ein kräfiges »pink« – daher der Name Fink –, ein rollendes »rrrüp« – der sogenannte Regenruf – und im Flug ein zurückhaltendes »Ajüpp«.
Vorkommen In ganz Europa einer der häufigsten Brutvögel in Wäldern und Parks. In Nord- und Osteuropa Zugvogel, sonst ganzjährig.
Wissenswertes Mit grob geschätzten 200 Millionen Brutpaaren ist der Buchfink der häufigste Brutvogel Europas.
Gartentipp Neben verschiedenen Rufen macht der Buchfink im Frühjahr durch seinen Gesang auf sich aufmerksam, zu dem es verschiedene Umschreibungen gibt – z. B. »Ich-ich-ich bin der Bräutigam« oder »Ich hätte gern noch ein Weizenbier«. Als Körnerfresser besuchen Buchfinken im Winter gern Futterstellen.

Bergfink

Fringilla montifringilla

> Kopf schwarz oder grau
> Brust orange, Bürzel weiß
> September bis April

Merkmale Länge 14–16 cm; ähnlich Buchfink, aber Kopf und Rücken schwarz (Männchen im Sommer) bis grau (Männchen im Winter und Weibchen), Brust orange; im Flug am weißen Bürzel gut zu erkennen. Am quäkenden Ruf gut aus Buchfinken-Trupps herauszuhören. Gesang monoton, abfallend und rau »rrrrüh«.
Vorkommen Nordeuropäischer Brutvogel in lichten Nadel- und Birkenwäldern, der in Mittel- und Südeuropa überwintert und dann besonders in Buchenwäldern lebt. Im Winter auch in Parks und Gärten.
Wissenswertes Die Verbreitung im Winter ist von Jahr zu Jahr unterschiedlich und richtet sich nach dem Vorkommen der Hauptnahrung, den Bucheckern. In »Mastjahren« können sich in Buchenwäldern mit reichhaltigem Nahrungsangebot riesige Schwärme von weit mehr als einer Million Vögel versammeln.
Gartentipp Beim Besuch von Futterhäusern oft mit Buchfinken vergesellschaftet.

Grünfink

Carduelis chloris

> Körper grün-grau
> gelbes Flügelfeld
> großer Schnabel

Merkmale Länge 14–16 cm; Männchen gelblich grün, gelbes Flügelfeld; Weibchen blasser, am Rücken schwach gestreift; Schnabel grau bis blassrosa. Durch die Verwendung verschiedener Elemente wirkt der trillernde Gesang etwas abgehackt; endet mit lang gezogenem rauen Schlusston. Rufe meist in Serien (»jüp-jüp-jüp«).

Vorkommen Jahresvogel in fast ganz Europa, in Nordskandinavien Zugvogel. Bewohnt vor allem Parks und Gärten, auch in Siedlungen und an Waldrändern.

Wissenswertes Der Grünfink ist in den letzten Jahrzehnten zu einem wenig scheuen Gartenvogel geworden, der sein Nest bevorzugt im Geäst von Fichten und Wacholder baut. Außerhalb der Brutzeit leben Grünfinken in Trupps, oft zusammen mit anderen Finken.

Gartentipp Im Garten lässt sich gut beobachten, wie geschickt Grünfinken mit ihrem dicken Schnabel Nahrung aufnehmen: Kleinere Samen lösen sie mit Schnabel und Zunge aus den Blüten, größere wie Sonnenblumenkerne werden aufgebissen. Gern fressen sie auch das Fruchtfleisch von Hagebutten.

Stieglitz

Carduelis carduelis

> Kopf schwarz-weiß-rot
> Flügel schwarz-gelb
> Rücken braun

Merkmale Länge 12–14 cm; farbenprächtiger Fink mit schwarz-weiß-rotem Kopf, braunem Rücken und großem gelben Flügelfeld; bei Jungvögeln fehlt das bunte Kopfmuster noch. Vom dreisilbigen Ruf (»sti-ge-litt«) leitet sich der Name dieses Vogels ab. In den leise zwitschernden Gesang wird dieser Ruf immer wieder eingeflochten.

Vorkommen Ganzjährig anwesender Brutvogel in lichten Wäldern und lockeren Baumbeständen (z. B. Obstgärten) in Mittel-, Ost- und Südeuropa. Nahrungssuche in offener Landschaft, zumeist auf Brachflächen oder an Wegrändern.

Wissenswertes Stieglitze ernähren sich fast ausschließlich von Pflanzensamen. Ihr volkstümlicher Name »Distelfink« verrät, dass sie sich dabei auf Disteln spezialisiert haben. Mit dem für Finkenvögel recht langen und spitzen Schnabel ziehen sie die Distelsamen geschickt aus den Blüten. Zum Brüten finden sich mitunter mehrere Paare zu lockeren Gruppen zusammen, deren Mitglieder auch gemeinsam auf Nahrungssuche gehen.

Erlenzeisig

Carduelis spinus

> Körpergefieder grün-gelb
> Flügel schwarz mit gelber Binde
> gelber Bürzel

Merkmale Länge 11–12 cm; bei den kontrastreich gefärbten Männchen (große Abbildung) ist der Rücken grün; Gesicht, Brust, Bürzel und Flügelbinden sind gelb, Kopfkappe und Kinn dagegen schwarz; Weibchen (kleine Abbildung) sind oberseits grünlich mit gelben Flügelbinden und unterseits weiß mit dunkler Strichelung. Der unauffällige Gesang besteht aus einem feinen Zwitschern und endet mit einem lang gezogenen Summen. Feine, traurig klingende Rufe.
Vorkommen Bewohnt Nadel- und Mischwälder; in Mittel- und Osteuropa sowie in Gebirgen Südeuropas ganzjährig, in Skandinavien Zugvogel.
Wissenswertes Mit ihrem spitzen Schnabel sind Erlenzeisige darauf spezialisiert, Samen aus Erlenzapfen herauszuarbeiten. Dabei hängen sie oft kopfüber an den Zapfen. Beliebt sind auch Samen von Fichten und Birken.
Gartentipp Im Winter tauchen Erlenzeisige truppweise in Gärten auf. An Futterstellen bevorzugen sie aufgehängte Meisenknödel.

Girlitz

Serinus serinus

> Kopf und Brust grünlich gelb
> gelber Bürzel
> schneller, anhaltender Gesang

Merkmale Länge 11–12 cm; kleiner Fink mit gelbgrünem Gefieder und schwarzer Strichelung; im Flug gelblicher Bürzel; Männchen kräftiger gefärbt als Weibchen. Der schnelle, quietschend klirrende Gesang wird entweder in einem fledermausartigen Flug mit langsamen Flügelschlägen oder von Baumspitzen und Fernsehantennen aus vorgetragen.
Vorkommen Jahresvogel im Mittelmeerraum, in Mittel- und Osteuropa überwiegend Zugvogel. Bewohnt vor allem Parks und Gärten im Bereich menschlicher Siedlungen, in Südeuropa auch in lichten Nadelwäldern.
Wissenswertes Der Girlitz ist ein naher Verwandter des Kanarienvogels. Die Art stammt ursprünglich aus dem Mittelmeerraum und ist von dort aus erst in den letzten 80–200 Jahren nach Deutschland eingewandert.
Gartentipp In Gärten und Parks profitieren Girlitze von angepflanzten Nadelbäumen als Brutplätze sowie von der Pflege von Grasflächen und Beeten, die Pflanzensamen am Boden zugänglich macht.

Bluthänfling

Carduelis cannabina

> Oberseite braun
> Kopf grau
> Männchen mit roter Stirn

Merkmale Länge 12–14 cm; Männchen (große Abbildung) mit roter Stirn an grauem Kopf, roter Brust und braunem, ungestreiftem Rücken; Weibchen (kleine Abbildung) oben braun und unten weiß mit Bruststrichelung; Schnabel grau. Die zwei- oder dreisilbig vorgetragenen Rufe (»tüg-itt«) klingen weicher als die des Grünfinken. Der Gesang beginnt mit ähnlichen Tönen und setzt sich mit verschiedenen Trillern und quäkenden Tönen fort.

Vorkommen In Mittel- und Südeuropa ganzjährig, in Ost- und Nordeuropa Zugvogel. Bewohnt offene Landschaft mit dichtem Gebüsch, oft im Bereich von Siedlungen.

Wissenswertes Bluthänflinge fressen zumeist Sämereien von Wildkräutern, die sie in Ödlandflächen und an Wegrändern sammeln. Auch die Jungvögel erhalten größtenteils Körnerfutter. Wenn es sich dabei um ältere Pflanzensamen handelt, werden diese vorher im Kropf aufgeweicht.

Gartentipp Zum Trinken und Baden besuchen Bluthänflinge gern Gartenteiche und Wasserschälchen.

Birkenzeisig

Carduelis flammea

> rote Stirn
> gelber Schnabel
> stark gestreift

Merkmale Länge 12–14 cm; kleiner und gedrungener als Bluthänfling, aber ebenfalls mit rotem Stirnfleck; Gefieder stark gestreift; Männchen zur Brutzeit mit roter Brust, aber Ausdehnung variabel; Schnabel klein und gelb. Ruft hart »tschett« (meist mehrfach). Der Gesang besteht aus solchen Rufen, in die raue Triller eingebettet werden.

Vorkommen In Mitteleuropa und Großbritannien besiedeln Birkenzeisige in den Bergen Nadelwälder, im Tiefland dagegen Siedlungen mit Gärten und Parkanlagen. In Nordeuropa brüten sie in Birken- und Nadelwäldern.

Wissenswertes Sowohl von den Alpen als auch von Großbritannien her haben sich Birkenzeisige in den letzten Jahrzehnten über Mitteleuropa auch als Brutvogel ausgebreitet und besiedeln inzwischen die meisten Städte. Da sie ihren Gesang bei ausgedehnten Singflügen hören lassen, ist es schwierig, den genauen Brutplatz festzustellen.

Gimpel, Dompfaff

Pyrrhula pyrrhula

> bullige Gestalt
> schwarze Kopfplatte
> weißer Bürzel

Merkmale Länge 16–17 cm; bulliger Fink mit grauem Rücken, weißem Bürzel, weißer Flügelbinde und schwarzer Kappe; Unterseite bei Männchen (große Abbildung) kräftig rosarot und bei Weibchen (kleine Abbildung) bräunlich grau; schwarzer, sehr dicker und kurzer Schnabel. Weiche, leicht abfallende und traurig klingende Rufe (»düü«). Unauffälliger Gesang aus leisem Pfeifen und Trillern.
Vorkommen Jahresvogel in Mittel- und Nordeuropa. Brütet in Mischwäldern und Parks, im Winter gern in Gärten.
Wissenswertes Gimpel nehmen überwiegend pflanzliche Nahrung zu sich und bevorzugen Sämereien – besonders Brennnessel und Ahorn – sowie Knospen – vor allem die von Pflaume und Ahorn. Von den Früchten entfernen sie das Fruchtfleisch und fressen nur den Kern. Jungvögel werden auch mit Insekten gefüttert.
Vorkommen Paare können lange zusammenhalten und sind häufig auch im Winter zu beobachten, wenn sie gemeinsam Futterhäuschen besuchen.

Kernbeißer

Coccothraustes coccothraustes

> sehr großer, dicker Schnabel
> Gefieder überwiegend braun
> weiße Felder an Flügel/Schwanz

Merkmale Länge 17–18 cm; großer Fink mit mächtigem Schnabel, der zur Brutzeit dunkelgrau, sonst aber blass bräunlich gefärbt ist; buntes Gefieder in verschiedenen Braun- und Grautönen; im Flug auffällige weiße Flügelbinde und weiße Binde am Schwanzende. Ruft scharf »zick«. Leiser Gesang aus einer Mischung der scharfen Rufe mit lang gezogenen, gepressten Tönen.
Vorkommen Jahresvogel in Mittel-, Süd- und Osteuropa, der in Laub- und Mischwäldern brütet, aber auch Gärten und Parks besucht.
Wissenswertes Wie der Name andeutet und der kräftige Schnabel zeigt, können Kernbeißer stabile Pflanzensamen bis hin zum Kirschkern knacken. Da sie Kirschen und Früchte anderer Baumarten meist weit oben im Geäst suchen, sind sie am besten zu sehen, wenn sie zum Trinken an Pfützen kommen. Kernbeißer sind nicht nur im Winterhalbjahr gesellig, sondern brüten gern in lockeren Verbänden von einigen Paaren.

Fichtenkreuzschnabel

Loxia curvirostra

> › überkreuzter Schnabel
> › Männchen rot, Weibchen grün
> › Bürzel jeweils leuchtend gefärbt

Merkmale Länge 15–17 cm; Männchen (links) mit rotem und Weibchen (rechts) mit grünem Gefieder, Flügel jeweils dunkel; bei einjährigen Männchen kann ein Teil der Federn noch grün sein; Schnabelspitzen überkreuzen sich. Ruft laut und klar »gipp«, meist mehrfach.
Vorkommen Jahresvogel in Nadelwäldern in fast ganz Europa sowie in weiten Teilen Nordasiens und Nordamerikas.
Wissenswertes Mit ihrem eigentümlich geformten Schnabel können Kreuzschnäbel die Samenschuppen von Koniferenzapfen aufschneiden, um an den Samen zu gelangen. Da die Vögel stark an das Vorkommen fruchtender Nadelbäume gebunden sind, ist ihre Verbreitung sehr unstet, sodass sie als Nomaden zu bezeichnen sind. Bei gutem Nahrungsangebot lassen sie sich vorübergehend nieder und beginnen zu brüten, mitunter auch mitten im Winter. Bei schlechtem Nahrungsangebot weichen sie invasionsartig in andere Regionen aus. Meist in Trupps und auch beim Brüten in lockeren Gruppen. Ihre Anwesenheit verraten sie durch laute Rufe.

Rohrammer

Emberiza schoeniclus

> › oben braun-schwarz gestreift
> › Männchen mit schwarzem Kopf
> › Weibchen mit Überaugenstreif

Merkmale Länge 13–15 cm; Rücken beige und Flügel rotbraun, jeweils mit breiter schwarzer Streifung; Unterseite hell, beim Weibchen mit Fleckung; Männchen (große Abbildung) mit weißem Nackenband und Bartstreif sowie schwarzem Kopf und Kehllatz; Kopf des Weibchens (kleine Abbildung) mit breitem, hellbraunem Überaugenstreif. Gesang aus langsam vorgetragenen Einzeltönen, fast immer von der Spitze eines Schilfhalms oder eines Busches aus. Ruft lang gezogen, leicht abfallend »psüüü«.
Vorkommen Brütet in weiten Bereichen Europas und Nordasiens in Feuchtgebieten, besonders im Schilf. Nord- und osteuropäische Vögel ziehen zum Überwintern in den Mittelmeerraum.
Wissenswertes Zur Brutzeit ernähren sich Rohrammern von Insekten und Spinnen, doch schon im Spätsommer stellen sie sich weitgehend auf Grassamen um. Auf dem Zug und im Winterquartier können Rohrammern lockere Trupps bilden.

Goldammer

Emberiza citrinella

> Kopf und Bauch gelb oder gelblich
> rotbrauner Bürzel
> Flanken gestrichelt

Merkmale Länge 16–17 cm; Männchen (große Abbildung) oben rötlich braun, ein rötliches Brustband trennt den gelben Kopf vom gelben Bauch; Weibchen (kleine Abbildung) und Jungvögel sind etwas dunkler, unten stärker gestrichelt und blasser gelb sowie am Kopf gelb-dunkel gestreift. Gesang aus mehreren kurzen Tönen und einem lang gezogenen Schlusston (»ich-ich-ich-hab-dich-lieb«). Ruft rau »trütt«.

Vorkommen Fast überall in Europa Jahresvogel in offener, buschiger Landschaft. Im Winter gelegentlich in Gärten.

Wissenswertes Zur Brutzeit fressen Goldammern Insekten, Spinnen und Asseln. Im Herbst stellen sie ihre Nahrung auf Samen von Wildgräsern, aber auch auf Getreidekörner um. Daher findet man sie außerhalb der Brutzeit oft truppweise an günstigen Futterplätzen wie Wegrändern oder Misthaufen. Da inzwischen vielerorts Dreschabfälle und Stoppelfelder als Nahrungsquellen fehlen und zudem durch Heckenrodungen der Lebensraum verloren gegangen ist, sind Goldammern in unserer Landschaft seltener geworden.

Zaunammer

Emberiza cirlus

> schwarz-gelbes Kopfmuster
> gelber Bauch
> grauer Bürzel

Merkmale Länge 15–16 cm; ähnlich Goldammer, aber Männchen mit schwarzer Kehle, schwarzem Augenstreif und dunkler Kappe sowie grauem Brustband; Weibchen vor allem am olivgrauen (nicht rotbraunen) Bürzel erkennbar. Gesang schneller und tiefer als bei der Goldammer und ohne deren Schlusston. Ruft hoch »zip«.

Vorkommen Lebt ganzjährig an locker mit Büschen und Bäumen bestandenen Hängen und Weinbergen in Süddeutschland, Frankreich und Südeuropa, auch in unmittelbarer Nähe von Siedlungen.

Wissenswertes Außerhalb der Brutzeit verbleiben einige Männchen in ihren Brutrevieren, die meisten Zaunammern streifen aber nach der Brutzeit in Trupps umher und verteilen sich im Winter weiträumiger. Intensivierter Weinbau und feuchteres Klima haben in einigen Gebieten zum Rückgang der hübschen Art geführt.

Ringeltaube

Columba palumbus

> weißer Halsfleck
> weißes Flügelband
> kleiner, gelber Schnabel

Merkmale Länge 38–43 cm; große, blaugraue Taube mit rosa Brust und weißem Halsfleck; Jungvögel zunächst noch ohne Halsfleck. Im Flug weißes Querband auf den Flügeln. Beim Auffliegen oft klatschendes Flügelgeräusch. Ruft fünfsilbig »hu-huuh-hu-huhu«.
Vorkommen Häufiger Brutvogel in Wäldern und Parks in ganz Europa. Im Norden und Osten Zugvogel, sonst in oft großen Trupps überwinternd. Nahrungssuche im Winter meist auf Feldern.
Wissenswertes Ringeltauben ernähren sich vorwiegend von Eicheln, Bucheckern, Getreidekörnern und anderen Sämereien. Sie brüten zwei- bis viermal im Jahr, die Brutperiode dauert dadurch von Februar bis November. Pro Brut werden nur ein bis zwei Jungvögel aufgezogen.
Gartentipp Das Nest besteht nur aus wenigen kleinen Ästen, die in eine Astgabel gelegt werden. Mit Nistmaterial in Bäume einfliegende Vögel machen auf den Neststandort aufmerksam.

Straßentaube

Columba livia f. *domestica*

> graublaues Gefieder
> schwarze Flügelbinde
> helle Unterflügel

Merkmale Länge 29–35 cm; ursprünglich hellgrau mit blaugrauem Kopf und rosa Brust sowie grün schillerndem Halsfleck. Infolge jahrhundertelanger Zucht etliche Färbungsvarianten, besonders mit weißen, braunen und schwärzlichen Gefiederpartien. Tiefes, mitunter raues Gurren in verschiedenen Variationen.
Vorkommen Nahezu weltweit verbreitet in Städten und in der Agrarlandschaft, meist in Trupps oder Schwärmen.
Wissenswertes Hervorragende Orientierungsleistungen haben die heute noch in Südeuropa und Nordafrika wild lebenden Felsentauben für die Zucht interessant gemacht. Alle heutigen Brieftauben sowie verwilderte Straßentauben stammen von ihnen ab.
Gartentipp Als Brutvögel in Dachnischen sind Straßentauben meist unerwünscht. Das Abdichten solcher Nischen versperrt leider anderen Vögeln und Fledermäusen den Zugang zu benötigtem Brut- bzw. Lebensraum.

Türkentaube

Streptopelia decaocto

> hellbeiges Gefieder
> schwarzes Nackenband
> kleiner, schwarzer Schnabel

Merkmale Länge 31–34 cm; kleine, langschwänzige Taube. Gefieder hell beigegrau mit schwarzem Nackenband; Schwanz mit weißer Endbinde. Ruft dreisilbig »hu-huuh-hu«, heller als Ringeltaube und ohne deren kurze Schlusstöne, außerdem ein nasales »kwäh«.

Vorkommen In weiten Teilen Europas häufiger Jahresvogel in Städten und Dörfern.

Wissenswertes Aus dem Südosten kommend, haben sich Türkentauben erst seit den 1950er-Jahren rasant über Mittel- und Nordeuropa ausgebreitet. Gegenwärtig werden sie von der im Bestand stark zunehmenden Ringeltaube wieder zurückgedrängt. Mehrere Jahresbruten von Februar bis September, gelegentlich auch Winterbruten. Die Gelege bestehen jeweils nur aus ein bis zwei Eiern.

Gartentipp Ihre einfachen Nester bauen Türkentauben meist in Bäumen, aber auch an Gebäuden auf Fensterbrettern oder an Fallrohren. Als Körnerfresser besuchen Türkentauben auch Futterstellen.

Turteltaube

Streptopelia turtur

> schwarz-weißer Halsfleck
> Flügel rostbraun
> April bis September

Merkmale Länge 25–27 cm; etwas kleiner, zierlicher und bunter als Türkentaube. Weiße Schwanzendbinde, schwarz-weißer Halsfleck, Flügel rostbraun, Brust rosa getönt. Jungvogel noch ohne Halsfleck. Gesang aus lang gezogenem, mehrfach wiederholtem »gurrrrrrr«.

Vorkommen Brütet an Waldrändern und in Feldgehölzen, aber auch in Obstgärten. Fehlt in Europa nur in Skandinavien, überwintert südlich der Sahara in Afrika. Nahrungssuche auf offenen Flächen aller Art.

Wissenswertes Die Turteltaube ist nicht nur die kleinste, sondern auch die am verstecktesten lebende Taubenart Europas. Am Brutplatz bleibt sie im Laub der Bäume verborgen, auch bei der Suche nach Pflanzensamen am Boden bekommt man sie kaum zu Gesicht. Am besten kann man Turteltauben bei Flügen zwischen Brutplatz und Nahrungsgebiet sehen, manchmal sitzen sie auch frei auf Stromleitungen.

Kuckuck

Cuculus canorus

> schlanke Gestalt, schmale Flügel
> Unterseite schwarz gebändert
> April bis September

Merkmale Länge 32–36 cm; falkenähnliche Gestalt mit schmalen Flügeln und langem Schwanz. Kopf, Brust und Oberseite grau (bei manchen Weibchen braun), Bauch dunkel quer gebändert. Ruft unverwechselbar seinen Namen, aber auch fauchende und glucksende Rufe.
Vorkommen Sommervogel in ganz Europa, der südlich der Sahara in Afrika überwintert. Bewohnt die verschiedensten Lebensräume, vor allem aber offenere Bereiche mit Bäumen oder Schilfbeständen.
Wissenswertes Keine eigene Brutpflege: Die Weibchen legen ihre Eier einzeln in die Nester viel kleinerer Singvögel. Um sich seiner Konkurrenten zu entledigen, wirft der geschlüpfte Jungkuckuck die Eier oder Jungen der Adoptiveltern aus dem Nest und wird dann allein großgezogen. Als Wirtsvögel sind 50–100 Arten bekannt, darunter auch Gartenvögel wie die Bachstelze. Allerdings kommen Kuckucke nur selten zur Eiablage in Siedlungen. Kuckucke gehören zu den wenigen Vögeln, die große behaarte Raupen fressen.

Mauersegler

Apus apus

> schwärzliches Gefieder
> lange, sichelförmige Flügel
> April bis September

Merkmale Länge 17–19 cm; schlanker, schwalbenähnlicher Vogel mit schmalen, sichelförmigen Flügeln und gegabeltem Schwanz; Gefieder schwärzlich. Schrille Rufe.
Vorkommen Sommervogel in ganz Europa, der meist unter Dächern und in Felsspalten, aber auch in Baumhöhlen brütet. Überwintert in der Südhälfte Afrikas.
Wissenswertes Außer zum Bebrüten der Eier halten sich Mauersegler immer in der Luft auf, selbst zum Schlafen und zur Paarung. Beim Trinken wird das Wasser im Flug von der Gewässeroberfläche aufgenommen. Laut rufende Trupps, die in reißendem Flug den Himmel bevölkern, gehören im Sommer zum Flair vieler Städte.
Gartentipps An neueren Gebäuden, aber auch nach Renovierungsarbeiten an alten Häusern finden Mauersegler meistens keine Nistgelegenheiten mehr. Spezielle Nistkästen mit schmalen Einfluglöchern, die in oder an Dächern angebracht werden, können Abhilfe schaffen.

Eisvogel

Alcedo atthis

> Oberseite türkis
> Unterseite orange
> großer, spitzer Schnabel

Merkmale Länge 17–19 cm; Oberseite schillernd türkisblau, Unterseite orange (»fliegender Edelstein«); großer spitzer Schnabel und sehr kurze Beine. Pfeift scharf »zii«.
Vorkommen Brutvogel an Gewässern mit Steilufern im größten Teil Europas, meist Jahresvogel, in Osteuropa Zugvogel. Nahrungssuche an Gewässern aller Art.
Wissenswertes Eisvögel erbeuten durch Stoßtauchen kleine Fische und Amphibien, die sie zuvor von über dem Wasser hängenden Ästen aus erspäht haben. Auch im Rüttelflug über dem Wasser können sie nach Beute Ausschau halten. Zum Brüten graben sie eine fast einen Meter lange Röhre in das Erdreich des Steilufers. In strengen Wintern mit zugefrorenen Gewässern verhungern viele Eisvögel. Die Überlebenden gleichen die Verluste durch eine höhere Zahl von Jahresbruten aus. Pro Brut werden meist sechs bis acht Jungvögel aufgezogen.
Gartentipp Selbst an größeren Gartenteichen erscheinen Eisvögel gelegentlich zur Nahrungssuche.

Halsbandsittich

Psittacula krameri

> grünes Gefieder
> langer Schwanz
> roter Schnabel

Merkmale Länge 27–43 cm; kräftig grünes Gefieder mit rosa Nackenband, Oberflügel einfarbig grün, Unterflügel grünschwarz; kräftiger Papageienschnabel mit rotem Oberschnabel; langer Schwanz; Augen gelblich weiß mit orangefarbenem Lidring; Männchen mit schwarzem Kinn. Ruft laut kreischend »krie-ack«.
Vorkommen In einigen Teilen Europas Bewohner von Parks und baumreichen Gärten.
Wissenswertes In verschiedenen Gebieten Europas und Asiens hat sich der aus Afrika stammende Halsbandsittich als Brutvogel angesiedelt. Er wurde entweder absichtlich ausgesetzt oder konnte der Käfighaltung entfliehen. Etabliert hat er sich vor allem in wintermilden Gebieten. Dort brütet er in Baumhöhlen (auch Spechthöhlen) und ernährt sich von Knospen, Blüten, Obst und Nüssen.
Gartentipp Im Winter besuchen Halsbandsittiche auch Futterhäuser und Meisenknödel.

Wiedehopf

Upupa epops

> Flügel breit, schwarz-weiß
> aufstellbare Federhaube
> März bis September

Merkmale Länge 25–29 cm; Körper orangebraun, Flügel und Schwanz schwarz-weiß gestreift. Nach hinten gerichtete Federhaube, die aufgerichtet werden kann. Langer, abwärts gebogener Schnabel. Ruft hohl und meist dreisilbig »up-up-up« (vgl. wissenschaftlichen Namen!).
Vorkommen Brutvogel in Süd- und Osteuropa (selten auch in Mitteleuropa), Überwinterung in Afrika. Meist in halboffener Kulturlandschaft, gern in Obstgärten.
Wissenswertes Mit ihrem langen Schnabel sind Wiedehopfe darauf spezialisiert, große Insekten – besonders Grillen und Käfer – am Boden zu erbeuten. Die Beutetiere werden entweder an der Oberfläche entdeckt oder durch Schnabelstochern im Boden.
Vorkommen In geeigneten Lebensräumen mit alten Obstbäumen und geringem Bodenbewuchs können große Nistkästen die Ansiedlung dieser spektakulären, aber selten gewordenen Vogelart unterstützen. Außer in Baumhöhlen brüten Wiedehopfe auch in Felsspalten, Gebäudenischen und Steinhaufen.

Wendehals

Jynx torquilla

> Brutzeit Mai bis August
> sieben bis zehn weiße Eier
> ein bis zwei Bruten im Jahr

Merkmale Länge 16–18 cm; Gefieder oberseits grau-braun gemustert, Kehle gestreift, Schwanz lang. Rufreihe aus 10–15 dünnen, quäkenden Tönen.
Vorkommen Brütet in kleineren Gehölzen, Parks und Obstgärten; auch am Waldrand.
Wissenswertes Hervorragend tarnt das Borkenmuster seines Gefieders den Wendehals am Baumstamm. Seine Nahrung sucht er aber vorwiegend am Boden. Mit dem Schnabel hackt er Ameisenbauten auf, schiebt seine klebrige Zunge weit hinein und erbeutet dadurch vor allem Larven und Puppen. Zum Brüten benutzt er Baumhöhlen, wobei er mitunter bereits vorhandene Singvogelgelege zerstört. Seit alte Obstbäume immer mehr verschwinden und Ameisen seltener werden, hat der Bestand des Wendehalses stark abgenommen.
Gartentipp Mit dem Schutz von Ameisen und dem Aufhängen von Nistkästen kann der bedrohten Art besonders in naturnah gestalteten Gärten geholfen werden.

Buntspecht

Dendrocopos major

> schwarz-weißes Gefieder
> roter Unterschwanz
> kräftiger Schnabel

Merkmale Länge 23–26 cm; schwarz-weißer Specht mit rotem Unterschwanz. Männchen mit rotem Nackenfleck, Jungvögel mit roter Kopfplatte. Im Frühling lautes Trommeln. Ruft kurz »kick«.
Vorkommen Jahresvogel in Wäldern, Parks und größeren Gärten in ganz Europa.
Wissenswertes Die Brut findet in einer selbst gezimmerten Baumhöhle statt. Mit dem kräftigen Schnabel werden Insekten aus morschem Holz gehackt, im Winter sind Nadelbaumsamen die Hauptnahrung.

Mittelspecht

Dendrocopos medius

> schwarz-weißes Gefieder
> rote Kopfplatte
> Bauch gestrichelt

Merkmale Länge 19–22 cm; ähnlich Buntspecht, aber Kopfplatte rot, schwarzes Nackenband nicht geschlossen, Bauch gestrichelt, weißer Schulterfleck rundlich. Ruft heiser quäkend »gwäh«; trommelt selten.
Vorkommen Bewohnt Laub- und Mischwälder, bevorzugt mit Eichenbeständen; auch in Parks und Gärten.
Wissenswertes Der Mittelspecht hält sich ganzjährig in seinem Brutrevier auf, lebt aber selbst zur Balzzeit recht versteckt. Die von ihm ins Holz gehämmerte Bruthöhle benutzt er mehrere Jahre lang.

Kleinspecht

Dryobates minor

> schwarz-weißes Gefieder
> Flügel stark gebändert
> Kopfplatte bei Männchen rot

Merkmale Länge 14–16 cm; kleiner als Buntspecht, Flügel stark gebändert, Kopfplatte bei Männchen rot, bei Weibchen schwarz. Falkenähnliche Rufreihen (»ki-ki-ki-ki-…«); trommelt meist zwei schnelle Wirbel hintereinander.
Vorkommen Bewohnt lichte Laubwälder, Feldgehölze, Alleen, Parks und Gärten.
Wissenswertes Der Kleinspecht hält sich meist im Kronenbereich von Bäumen auf. Die Bruthöhle meißelt er in einen Baumstamm oder in einen starken Seitenast.

Grünspecht

Picus viridis

> Gefieder grün
> roter Oberkopf
> lachende Rufe

Merkmale Länge 45–51 cm; großer grüner Specht mit rot-schwarzer Kopfzeichnung. Ruft oft laut lachend, trommelt sehr selten.
Vorkommen In weiten Teilen Europas Standvogel in offenen Wäldern, Parks und großen Gärten.
Wissenswertes Der Grünspecht benutzt zum Brüten gern bereits bestehende Baumhöhlen. Muss er sie selbst zimmern, bevorzugt er bereits faulendes Holz.
Gartentipp Auf dem Rasen oder sogar auf der Straße kann man Grünspechte beobachten, die mithilfe ihrer langen klebrigen Zunge Ameisen aufsammeln.

Grauspecht

Picus canus

> Gefieder grün und grau
> Männchen mit roter Stirn
> melancholische Rufe

Merkmale Länge 27–32 cm; Hinterrücken grün; Kopf grau, beim Männchen mit schmalem schwarzen »Bart« und roter Stirn. Abfallende, langsamer werdende Rufreihe, z. B. »kü-kü-kü-küh-küüh«; lange Trommelwirbel.
Vorkommen Bevorzugt Laub– und Mischwälder, lebt aber auch in Parks, Gärten und Alleen.
Wissenswertes Wenn ab Februar das Wetter milder wird, sind im Brutgebiet die melancholischen Rufreihen des Männchens zu hören. Mit diesen wird sowohl das Revier abgegrenzt als auch ein Weibchen angelockt.

Schwarzspecht

Dryocopus martius

> schwarzes Gefieder
> roter Oberkopf
> lange Trommelwirbel

Merkmale Länge 40–46 cm; großer, schwarzer Specht mit roter Kopfplatte, die beim Männchen bis zum Schnabelansatz reicht. Sehr lange Trommelwirbel, bis 3 Sek. lang, d. h. zwei- bis dreimal länger als beim Buntspecht. Ruft klagend »kliöh« oder rau »krrü-krrü-krrü«.
Vorkommen Standvogel in Wäldern mit großen, alten Bäumen in Nord-, Mittel- und Osteuropa.
Wissenswertes Die selbst in Baumstämme gezimmerten Bruthöhlen befinden sich in 8–15 m Höhe. Frei werdende Höhlen nutzen andere Vögel wie Hohltauben und Dohlen als Nistgelegenheit.

Schleiereule

Tyto alba

> herzförmiges Gesicht
> Augen dunkel
> lange Beine

Merkmale Länge 33–39 cm; Unterseite gelborange, Oberseite grau, herzförmiges Gesicht weiß mit dunklen Augen; lange, weiß befiederte Beine. Nachts kreischende, unheimlich anmutende Rufe.
Vorkommen Fast weltweit verbreiteter Standvogel, der in Mittel- und Südeuropa in alten Gebäuden und Scheunen brütet.
Wissenswertes Als nächtliche Mäusejäger erleiden Schleiereulen in schneereichen Wintern große Verluste durch Verhungern, weil ihre Beutetiere unerreichbar unter dem Schnee leben. Die Anzahl der Jahresbruten (0–3) und die Gelegegröße (2–13 Eier) hängen stark vom Mäuseangebot während der Brutzeit ab. Bei gutem Nahrungsangebot können deshalb Winterverluste schnell wieder ausgeglichen werden.
Vorkommen Schleiereulen beginnen ihre Jagdflüge in der Regel erst nach Einbruch der Dunkelheit und sind deshalb selten zu sehen. Ihre Ansiedlung kann man mit speziellen Nistkästen fördern. Damit die Eulen dort erfolgreich brüten können, ist eine Sicherung gegen Marder wichtig.

Steinkauz

Athene noctua

> rundliche Gestalt
> weiß getupftes Gefieder
> Augen gelb

Merkmale Länge 23–27 cm; kleine, rundliche Eule mit dunkelbrauner, weiß getupfter Oberseite und weißer, braun gestreifter Unterseite; Augen gelb. Längere Strecken werden in spechtartigem Wellenflug zurückgelegt. Ruft kräftig »uuuh«, meist in lockerer Reihe.
Vorkommen Standvogel in abwechslungsreich strukturierter, offener Landschaft in weiten Teilen Europas, Asiens und Nordafrikas.
Wissenswertes Der Steinkauz brütet in Mitteleuropa am liebsten in Kopfweiden und Obstbäumen, in Südeuropa dagegen meist in Felshöhlen oder an Gebäuden. Vielerorts wurden Schutzprogramme mit röhrenförmigen, vor Mardern geschützten Nistkästen initiiert. Steinkäuze sind tag- und nachtaktiv. Sie ernähren sich vielseitig von Mäusen, Kleinvögeln, Reptilien und Insekten. Um diese zu jagen, halten sie von erhöhten Warten wie Bäumen, Zaunpfählen oder Steinhaufen Ausschau.

Waldkauz

Strix aluco

> großer Kopf
> kurzer Schwanz
> Augen dunkel

Merkmale 37–43 cm; Flügel breit und rund, Kopf groß mit weißen Streifen, Augen dunkel, Schwanz kurz. Männchen nachts mit langen, heulenden Rufreihen; Weibchen ruft kurz und scharf »kuitt«.
Vorkommen Brütet in alten Bäumen in Wäldern, Parks und anderen Gehölzen; nächtliche Jagd auch in offenem Gelände.
Wissenswertes Der Waldkauz brütet in großen Baumhöhlen. Die Jungvögel sitzen im Alter von vier Wochen als »Ästlinge« frei in Bäumen oder am Boden. Als Nahrung dienen vor allem Mäuse, aber auch Vögel, Amphibien, Insekten und Regenwürmer.

Waldohreule

Asio otus

> lange Federohren
> Augen orange
> Flügel kontrastarm

Merkmale Länge 31–37 cm; wie kleiner Uhu, aber Federohren nach oben gerichtet. Im Flug sind die Ohren angelegt und nicht sichtbar. Augen orange.
Vorkommen Bewohnt Wälder und Gehölze unterschiedlicher Größe in fast ganz Europa, brütet auch in Gärten.
Wissenswertes Im Winter sammeln sich Waldohreulen an Schlafplätzen, mitunter im Bereich menschlicher Siedlungen und am liebsten in Nadelbäumen.
Gartentipp Unter Schlafbäumen findet man Gewölle mit unverdaulichen Nahrungsbestandteilen (meist Haare und Knochen von Mäusen).

Uhu

Bubo bubo

> größte Eule
> lange Federohren
> Augen orange

Merkmale Länge 59–73 cm; sehr große, braun gemusterte Eule mit großen Federohren und orangefarbenen Augen. Ruft nachts mit hohler Stimme ihren Namen (»U-hu«).
Vorkommen Jahresvogel in weiten Bereichen Europas. Lebt in Wäldern und Gebirgen und brütet bevorzugt in Felswänden, auch in Steinbrüchen.
Wissenswertes Der nachtaktive Uhu war vielerorts ausgerottet, hat sich aber aufgrund von Schutzmaßnahmen wieder ausgebreitet. Als Nahrung dienen Säugetiere und Vögel bis zur Größe von Hasen bzw. Reihern.

Mäusebussard

Buteo buteo

> Schwanz und Flügel rund
> variable Gefiederfärbung
> Beine gelb

Merkmale Länge 46–58 cm; mittelgroßer Greifvogel mit rund endendem Schwanz und sehr variabler Gefiederfärbung, die von fast ganz weiß bis nahezu einfarbig braun reicht, oft aber hell-dunkel gemustert ist.
Vorkommen Brütet fast überall in Europa in Waldgebieten und Feldgehölzen, Nahrungssuche auf Wiesen und Äckern.
Wissenswertes Der häufige Mäusebussard erbeutet Mäuse und andere Kleintiere im Sturzflug, vom Ansitz aus oder zu Fuß. Typisch sind kreisende Flüge hoch am Himmel.

Rotmilan

Milvus milvus

> rotbrauner Gabelschwanz
> heller Kopf
> weißes Feld auf Unterflügel

Merkmale Länge 61–72 cm; fällt durch schlanke Flügel und rotbraunen Gabelschwanz auf. Überwiegend braun gefärbt, aber großes weißes Feld im Unterflügel.
Vorkommen Brutvogel der waldreichen Ackerlandschaft Mittel- und Südeuropas, oft in der Nähe von Gewässern. Überwintert zumeist in Südeuropa, doch verweilen einige auch in Mitteleuropa.
Wissenswertes Rotmilane ernähren sich in erster Linie von Aas, das sie häufig von der Wasseroberfläche oder am Straßenrand auflesen. Deshalb sind besonders viele Rotmilane auch an Müllkippen zu finden.

Schwarzmilan

Milvus migrans

> dunkles Gefieder
> Schwanz dunkel, schwach gegabe
> März bis August

Merkmale Länge 48–58 cm; ähnlich dem Rotmilan, aber fast einfarbig dunkelbraun, mit nur schwach gegabeltem Schwanz und nur leichter Aufhellung am Unterflügel.
Vorkommen Über fast ganz Europa, Asien und Afrika verbreiteter Brutvogel, der im Herbst aus Europa abzieht und südlich der Sahara überwintert. Bevorzugt abwechslungsreiche Landschaft und Gewässernähe.
Wissenswertes Auch in der Ernährung ist der Schwarzmilan dem Rotmilan sehr ähnlich, doch spielt bei ihm toter Fisch eine größere Rolle.

Sperber

Accipiter nisus

> langer Schwanz
> falkengroß
> gebänderte Unterseite

Merkmale Länge 29–41 cm; kleinere Ausgabe des Habichts, aber ebenfalls mit deutlichem Größenunterschied der Geschlechter. Alte Männchen oben bläulich grau, unten rotbraun gebändert; junge Männchen und Weibchen oben braun, unten dunkel gebändert.
Vorkommen Bewohnt abwechslungsreiche Landschaften in ganz Europa. Brütet in Wäldern oder kleinen Gehölzen, jagt aber oft in offenem Gelände. Meist Standvogel, in Skandinavien aber Zugvogel.
Wissenswertes Ähnlich wie Habichte fangen Sperber ihre Beute – meist Singvögel – im Jagdflug, wobei sie besonders auf Überraschungsangriffe um Büsche, Hecken oder Hausecken herum setzen. Von Bäumen oder Dächern aus halten sie nach Beute Ausschau.
Gartentipp Warnrufe von Singvögeln (z. B. von Bachstelzen) machen auf die Annäherung eines Sperbers aufmerksam. Im Winter können Sperber auch an Futterstellen im Garten Beute machen.

Habicht

Accipiter gentilis

> langer Schwanz
> bussardgroß
> gebänderte Unterseite

Merkmale Länge 49–64 cm; langschwänziger Greifvogel. Weibchen bussardgroß, Männchen deutlich kleiner; Oberseite beim Männchen grau, beim Weibchen braun, Unterseite weiß mit dunkler Bänderung.
Vorkommen Standvogel in ganz Europa. Brütet in Wäldern und jagt bevorzugt im Waldrandbereich, aber auch in offenerem Gelände.
Wissenswertes In wendigem Verfolgungsflug jagen Habichte Vögel. Die unterschiedliche Körpergröße von Männchen und Weibchen sorgt dabei für verschiedene Beutegrößen: Männchen ernähren sich vor allem von taubengroßen Vögeln, Weibchen fangen bis hühnergroße Vögel. Im Winter jagen Habichte auch Mäuse und Kaninchen. Negative Einflüsse auf die Bestandsgrößen ihrer Beutetiere sind wissenschaftlich nicht nachweisbar.

Turmfalke

Falco tinnunculus

> rotbraune Oberseite
> Schwanz und Flügel lang
> Rüttelflug

Merkmale Länge 31–37 cm; langschwänziger Falke mit rotbrauner Oberseite, schwarzen Flügelspitzen und grauem Schwanz. Gut erkennbar am Rüttelflug, bei dem der Turmfalke quasi in der Luft steht.
Vorkommen In ganz Europa häufiger Brutvogel, der meist offene Landschaft und Städte bewohnt.
Wissenswertes Vielfältige Nistplatzwahl: Als ursprünglicher Felsbrüter nistet der Turmfalke auch an Gebäuden – oft in Kirchtürmen – und in Nistkästen, doch benutzt er oft auch verlassene Krähennester.

Wanderfalke

Falco peregrinus

> kräftiger Körper
> spitze Flügel
> breiter Bartstreif

Merkmale Länge 38–51 cm; kräftig gebauter Falke mit relativ kurzem Schwanz, Oberseite bei Altvögeln schiefergrau und bei Jungvögeln braun, Unterseite hell mit dunkler Bänderung.
Vorkommen Weltweit verbreiteter Felsbrüter, der auch in Städten an hohen Gebäuden, z. B. in Kirchtürmen vorkommt. Im Flachland aber auch Baumbrüter.
Wissenswertes Nach starkem Rückgang durch Pestizide und Aushorstungen für die Falknerei haben sich die mitteleuropäischen Bestände der Wanderfalken in neuerer Zeit gut erholt. Jagt vor allem Vögel, die er nach pfeilschnellem Sturzflug überwältigt.

Baumfalke

Falco subbuteo

> schlanke Gestalt
> schwarze Kopfmaske
> April bis September

Merkmale Länge 29–35 cm; langflügeliger Falke, Oberseite dunkelgrau, Unterseite weiß mit schwarzer Fleckung und roten »Hosen«, Kopf mit schwarzer Maske.
Vorkommen Brutvogel in fast ganz Europa, überwintert in Afrika südlich der Sahara. Brütet in offener Landschaft und jagt oft in der Nähe von Gewässern.
Wissenswertes Baumfalken sind vorzügliche, elegante Flieger, die im Flug so wendige Beutetiere wie Schwalben, Mauersegler und Libellen ergreifen können. Letztere werden sogar während des Flugs verzehrt.

Rebhuhn

Perdix perdix

> Kopf orangebraun
> dunkelbrauner Bauchfleck
> braune Flankenstreifung

Merkmale Länge 28–32 cm; kleiner, grauer Hühnervogel mit orangebraunem Kopf, dunklem Bauchfleck, dunkler Flankenstreifung und braun gemusterter Oberseite. Beim Auffliegen lautes Flügelknattern. Ruft rau »kirräck«.
Vorkommen Bewohnt strukturreiche Agrarlandschaft und Brachflächen im größten Teil Europas.
Wissenswertes Ein Gelege enthält 10–20 Eier. Obwohl die Jungvögel schon zwei Wochen nach dem Schlüpfen fliegen können, bleiben die Familien bis in den Winter hinein zusammen und trennen sich erst im Frühjahr.

Wachtel

Coturnix coturnix

> klein und heimlich
> braunes Gefieder
> April bis Oktober

Merkmale Länge 16–18 cm; winziger, sehr heimlicher Hühnervogel, der meist nur zu hören oder abfliegend zu sehen ist. Ruft schnell und rhythmisch »pickwerick«. Gefieder hellbraun-dunkelbraun gestreift, Männchen mit schwarzer Kehle.
Vorkommen Brutvogel in fast ganz Europa (außer Skandinavien), überwintert in Afrika. Bewohnt offenes Gelände und bevorzugt Getreidefelder und Brachflächen.
Wissenswertes Wachteln ziehen nachts und rufen dabei gelegentlich auch über Städten. Ihre Nahrung besteht aus Samen und Insekten, die sie vom Boden auflesen.

Fasan

Phasianus colchicus

> sehr langer Schwanz
> braunes Gefieder
> Männchen mit roten Kopflappen

Merkmale Länge 55–90 cm, davon 20–45 cm der Schwanz; langschwänziger Hühnervogel; Männchen rotbraun gemustert, Kopf schillernd dunkelgrün und mit großen roten Lappen um die Augen; Weibchen braun gemustert.
Vorkommen In weiten Teilen Europas eingebürgerter Jahresvogel, der in der offenen Agrarlandschaft mit Hecken und Feldgehölzen lebt.
Wissenswertes Seit über 1000 Jahren wird der aus Asien stammende Fasan in Europa zu Jagdzwecken ausgesetzt. Auch heute noch gehen fast alle mitteleuropäischen Fasane auf fortlaufende Auswilderungen zurück.

Weißstorch

Ciconia ciconia

> schwarz-weißes Gefieder
> langer, roter Schnabel
> lange, rote Beine

Merkmale Länge 95–110 cm; großer, weißer Schreitvogel mit schwarzen Schwungfedern; Schnabel und Beine lang und rot. Keine Rufe, aber bei der Partnerbegrüßung langes Schnabelklappern.

Vorkommen Brutvogel in Mittel-, Ost- und Südeuropa, der in Südspanien, größtenteils aber in Afrika bis zur Südspitze des Kontinents überwintert.

Wissenswertes Als Glücksbringer genießt der Weißstorch schon seit langem Schutz, sodass er sich meistens sogar innerhalb von Ortschaften ansiedelt und dort auf Hausdächern oder Pfählen sein großes Nest errichtet. Als Kulturfolger gilt er aber auch deshalb, weil er von offenen Feldern und Wiesen bei der Suche nach Mäusen, Fröschen und Heuschrecken profitiert. In Mitteleuropa erlitt der Weißstorch in den letzten 100 Jahren aber einen sehr starken Bestandsrückgang, weil viele feuchte Bereiche entwässert wurden und immer häufiger Grünland zu Ackerland umgebrochen wurde. Zudem kamen viele Störche durch Kollisionen mit Stromleitungen ums Leben. Zu schaffen machten ihnen offenbar auch Dürreperioden in afrikanischen Rast- und Überwinterungsgebieten. Ähnlich wie Greifvögel nutzen Störche beim Fliegen thermische Aufwinde, um ohne Flügelschläge kreisend in die Höhe zu gelangen. Auf dem Zug gleiten sie dann weite Strecken, bis sie erneut Höhe gewinnen müssen. Auf dem Weg ins Winterquartier vermeiden sie deshalb den Flug über das Mittelmeer, weil über dem Wasser solche Aufwinde fehlen. Stattdessen konzentriert sich der Zug an den Meerengen von Gibraltar und Bosporus, wo das Wasser schnell überquert werden kann.

Graureiher
Ardea cinerea

> langer, gelber Schnabel
> grau-weißes Gefieder
> Hals im Flug eingezogen

Merkmale Länge 84–102 cm; knapp storchengroßer Schreitvogel mit heller Unterseite, langem, gelbem Schnabel, langen Beinen und gelber Iris. Altvögel mit schwarzen Schmuckfedern an den Kopfseiten. Im Flug leicht am s-förmig eingezogenen Hals erkennbar. Krächzende Rufe.
Vorkommen Bewohnt feuchtes und offenes Gelände sowie Gewässer aller Art in ganz Europa. Koloniebrüter in Bäumen von kleineren Gehölzen oder Auwäldern, seltener im Schilf.
Wissenswertes Auf Äckern und Wiesen fressen Graureiher vor allem Mäuse, im flachen Wasser Fische und Frösche. Bei der Jagd bewegen sie sich sehr langsam, stoßen aber nach dem Entdecken eines Beutetiers blitzschnell mit dem dolchartigen Schnabel zu. Von den Brutkolonien unternehmen sie bis zu 40 km lange Flüge, um Nahrungsgebiete zu erreichen. Als Fischfresser sind Graureiher bei Anglern und Fischern nicht gern gesehen. An natürlichen Gewässern richten sie jedoch keinen wirtschaftlichen Schaden an.

Kranich
Grus grus

> Beine und Hals lang
> buschiges Hinterende
> Hals im Flug ausgestreckt

Merkmale Länge 96–119 cm; großer, grauer Schreitvogel mit schwarz-weiß-rotem Kopf- und Halsmuster und buschig über den Schwanz hängenden Schirmfedern. Jungvögel mit bräunlichem Kopf. Beine und Schnabel lang. Im Flug am lang ausgestreckten Hals und den weit nach hinten reichenden Beinen gut zu erkennen. Am Brutplatz lautes Trompeten; im Flug weit hörbar »krrrü«.
Vorkommen Brutvogel in Nord- und Osteuropa sowie in Norddeutschland, überwintert in Spanien und Nordafrika sowie im Nahen Osten. Zur Brutzeit in Sumpfgebieten und Bruchwäldern, sonst auf Wiesen und abgeernteten Getreide- und Kartoffelfeldern.
Wissenswertes Im Frühjahr spektakuläre Balztänze großer Trupps an traditionellen Plätzen.
Gartentipp An den ersten milden Tagen im Frühjahr und bei den ersten Frosteinbrüchen im Herbst lohnt es sich, auf die Flugrufe des Kranichs zu achten. In langen Ketten zieht er dann ins Brutgebiet bzw. ins Winterquartier, mitunter auch nachts.

Austernfischer
Haematopus ostralegus

> schwarz-weißes Gefieder
> langer, roter Schnabel
> sehr ruffreudig

Merkmale Länge 39–44 cm; auffällig schwarz-weißes Gefieder, leuchtend roter Schnabel und rosa Beine.
Vorkommen Lebt an Meeresküsten in fast ganz Europa, stellenweise im Binnenland. Brütet an Stränden und in Salzwiesen, auch auf mit Kies bedeckten Flachdächern.
Wissenswertes Austernfischer setzen ihren kräftigen Schnabel sehr vielfältig zur Nahrungssuche ein: Sie stochern nach Würmern und Krebsen, brechen Herzmuscheln und meißeln Miesmuscheln auf. Ihre Küken weisen sie mit dem Schnabel auf Beutetiere hin.

Kiebitz
Vanellus vanellus

> grün schillernde Oberseite
> feiner Federschopf
> lappenartige Flügel

Merkmale Länge 28–31 cm; Oberseite schwarz mit grün-violettem Glanz, Unterseite überwiegend weiß; Kopf schwarz-weiß mit nach oben gerichteter Federholle; sehr breite Flügel. Ruft explosives »tjuuu-witt-witt«.
Vorkommen Brutvogel in fast ganz Europa, Überwinterung in West- und Südeuropa. Bewohnt Wiesen und Äcker. Zur Zugzeit in großen Schwärmen auf abgeernteten Feldern und an Gewässerufern.
Wissenswertes In Mitteleuropa starker Bestandsrückgang, da wegen der Intensivierung der Landwirtschaft kaum noch Nachwuchs aufgezogen werden kann.

Flussregenpfeifer
Charadrius dubius

> schwarz-weiß gestreifter Kopf
> gelber Augenring
> März bis September

Merkmale Länge 16–18 cm; kleiner, oben brauner und unten weißer Watvogel mit schwarz-weißer Kopfzeichnung und gelbem Augenring.
Vorkommen Brütet europaweit auf Kiesbänken und Schlammflächen von Flüssen, an Kiesgruben und anderen künstlichen Gewässern. Überwintert in Afrika.
Wissenswertes Die vier Eier werden zwischen Kieselsteine gelegt und sind extrem gut getarnt. Verschiedentlich haben Flussregenpfeifer auch auf mit Kies bedeckten Flachdächern gebrütet.

Lachmöwe

Larus ridibundus

> kleine Möwe
> rote Beine
> dunkelbrauner Kopf

Merkmale Länge 35–39 cm; kleine Möwe mit roten Beinen und dünnem Schnabel; Kopf zur Brutzeit schokoladenbraun und mit feinem weißen Augenring; im Flug weißer Flügelvorderrand; Jungvögel teilweise braun.
Vorkommen Häufiger Brut- und Gastvogel an vielen binnenländischen Gewässern und an den Küsten Europas. Brütet in großen Kolonien.
Wissenswertes Zur Nahrungssuche begeben sich Lachmöwen auf Wiesen oder Äcker und folgen gern dem Pflug. Am Meer werden häufig auch Fischereiabfälle gefressen.

Sturmmöwe

Larus canus

> gelber Schnabel
> dunkle Augen
> gelbgrüne Beine

Merkmale Länge 40–46 cm; mittelgroße Möwe mit schlankem gelben Schnabel, dunklem Auge und grünlich gelben Beinen; Flügelspitze schwarz mit großem weißen Fleck; Flügel und Rücken der Jungvögel braun.
Vorkommen In der Nordhälfte Europas Koloniebrüter an Küsten und Binnengewässern.
Wissenswertes Bei der einzigen Jahresbrut werden drei Eier ausgebrütet. Die Brutkolonien befinden sich am Boden, doch nisten einzelne Paare manchmal in Bäumen oder auf Pfählen, in Küstenstädten auch auf Dächern.

Silbermöwe

Larus argentatus

> große Möwe
> rosa Beine
> gelber Schnabel mit rotem Fleck

Merkmale Länge 54–60 cm; große Möwe mit rosa Beinen und gelber Iris; gelber Schnabel kräftig und mit rotem Punkt nahe der Spitze; Jungvögel braun, innerhalb von vier Jahren wird das Alterskleid stufenweise erreicht.
Vorkommen Häufiger Brutvogel an den Küsten Nordeuropas, oft in riesigen Kolonien. Im Winter sowohl auf dem Meer als auch im Binnenland.
Wissenswertes Sehr vielfältig in der Ernährung: Frisst Fischereiabfälle und Wirbellose im Wattenmeer, sucht aber häufig auch auf Mülldeponien sowie auf Feldern nach Futter. An der Küste häufig Dachbruten.

Teichhuhn
Gallinula chloropus

> grüne Beine mit langen Zehen
> rotes Stirnschild
> schwimmt und läuft ruckartig

Merkmale Länge 27–31 cm; Gefieder dunkelbraun bis bläulich schwarz, Unterschwanz und Flankenstreifen weiß; kräftige grüngelbe Beine mit langen Zehen; roter Schnabel mit gelber Spitze, darüber rotes Stirnschild. Bei Jungvögeln Gefieder und Schnabel braun. Ruft gurgelnd »gurrrk«.
Vorkommen Jahresvogel in der Westhälfte und Zugvogel in der Osthälfte Europas. Bewohnt mit Gebüsch bestandene Ufer von Seen und Flüssen, aber auch Parkgewässer und größere Gartenteiche.
Wissenswertes Da Teichhühner keine Schwimmhäute besitzen, unterstützen sie ihr Schwimmen durch ruckartige Halsbewegungen. Mit ihren langen Zehen können sie aber sehr gut im Schilf und im Gebüsch umherklettern. Zur Nahrungssuche begeben sie sich auch an Land. Häufig sind sie deshalb auf Grünflächen an Parkgewässern zu sehen. Sie ernähren sich einerseits von Wasserpflanzen, Knospen und Grasspitzen, andererseits von kleinen Tieren wie Käfern, Spinnen, Schnecken oder Fischen.

Blässhuhn
Fulica atra

> Gefieder gräulich schwarz
> Schnabel und Stirnschild weiß
> Füße mit Schwimmlappen

Merkmale Länge 36–42 cm; zu den Rallen gehörender Schwimmvogel mit einheitlich gräulich schwarzem Gefieder, weißem Schnabel und weißem Stirnschild; graue Beine mit Schwimmlappen an den Zehen. Ruft laut »tück« oder »trück«.
Vorkommen In fast ganz Europa häufiger Brutvogel an langsam fließenden und stehenden Gewässern aller Art, seltener jedoch an der Meeresküste.
Wissenswertes Blässhühner bauen ihre umfangreichen Nester oft auf der Wasseroberfläche nahe der schützenden Ufervegetation. Sie sind die Allesfresser unter den Wasservögeln. Beim Tauchen nach Pflanzenteilen und kleinen Wassertieren holen sie zunächst mit einem Kopfsprung Schwung. Außerhalb der Brutzeit bilden sich oft große Ansammlungen. Bei Gefahr, etwa beim Anflug eines Seeadlers, schwimmen Blässhühner sehr dicht beieinander und versuchen mit Flügelschlägen ins Wasser den Angreifer zu irritieren.

Höckerschwan

Cygnus olor

> weißes Gefieder
> langer, gebogener Hals
> Schnabel orange

Merkmale Länge 140–160 cm; großer weißer Schwimmvogel mit langem, meist gebogen gehaltenem Hals; Schnabel orange mit schwarzem Höcker; Jungvögel bräunlich.
Vorkommen In Mittel- und Westeuropa ganzjährig an der Ostseeküste und an Binnengewässern, auch in Parks.
Wissenswertes Höckerschwäne brüten auf großen, meist aus Schilfhalmen gebauten Nesthügeln. Sie verteidigen ihren Brutplatz bzw. Nachwuchs gegen Artgenossen und sogar gegen Menschen heftig. Im Flug erzeugt der Luftzug durch die Schwingen ein typisches Pfeifen.

Graugans

Anser anser

> schwache Bruststreifung
> großer rosa Schnabel
> rosa Beine

Merkmale Länge 74–84 cm; größte graue Gans mit relativ hellem Gefieder; Bauch leicht gestreift, Beine rosa, großer Schnabel rosa bis orange. Ruft »ang-ang-ang«.
Vorkommen Verbreiteter Brutvogel in Europa, der meist in Küstennähe überwintert. Brütet an verschiedensten Gewässern, im Winter meist auf Äckern.
Wissenswertes Als Stammform unserer Hausgänse wurden Graugänse schon vor mehreren Tausend Jahren domestiziert. In neuerer Zeit wurden Graugänse an vielen Stellen Mitteleuropas ausgewildert, auch in Parkanlagen. Fliegt in keilförmigen Formationen.

Kanadagans

Branta canadensis

> Hals lang und schwarz
> weißer Kopffleck
> Gefieder bräunlich

Merkmale Länge 90–100 cm; große Gans; überwiegend bräunlich grau, schwarzer Hals mit weißem Kopffleck, Brust weiß.
Vorkommen Heute verbreiteter Brutvogel in Südskandinavien, an einigen Stellen auch in Mitteleuropa, meist an Parkgewässern. Überwintert in Norddeutschland, vor allem entlang der Ostseeküste.
Wissenswertes Nordamerikanische Art, die in der ersten Hälfte des 20. Jahrhunderts in Schweden eingebürgert wurde und sich von dort aus stark ausgebreitet hat.

Tafelente

Aythya ferina

> kastanienbrauner Kopf
> schwarze Brust
> grauer Körper

Merkmale Länge 42–49 cm; Männchen mit grauem Körper, kastanienbraunem Kopf, schwarzer Brust und schwarzem Hinterende; Weibchen blass graubraun.
Vorkommen In Mitteleuropa spärlicher Brutvogel, im Winter jedoch Zuzug aus Osteuropa, dann häufig in Trupps auf Seen und größeren Flüssen anzutreffen.
Wissenswertes Tafelenten tauchen nach Muscheln und Wasserpflanzen. Da sie ihre Beute mit dem Schnabel am Gewässergrund ertasten, können sie sowohl tagsüber als auch nachts der Nahrungssuche nachgehen.

Reiherente

Aythya fuligula

> schwarz-weißes Gefieder
> Schopf am Hinterkopf
> gelbe Iris

Merkmale Länge 40–47 cm; Männchen (links) mit reiherartigen Schopffedern, überwiegend schwarz gefärbt, Bauch und Flanken jedoch leuchtend weiß; Weibchen (rechts) nahezu einfarbig dunkelbraun und nur mit angedeutetem Schopf.
Vorkommen In Mitteleuropa zahlreicher Brutvogel und durch Zuzug aus Nord- und Osteuropa ein noch viel häufigerer Wintergast auf Gewässern aller Art, oft auch an größeren Parkgewässern.
Wissenswertes Nachts verteilen sich Reiherenten, um nach Muscheln zu tauchen. Tagsüber sammeln sie sich, um in geschützten Buchten ihre Beute zu verdauen.

Mandarinente

Aix galericulata

> Männchen überwiegend orange
> Männchen mit Schopf und Segel
> Weibchen grau-braun

Merkmale Länge 41–51 cm; Männchen (links) markant, überwiegend orange gefärbt, mit Schopf am Hals und »Segel« am Rücken; Weibchen (rechts) schlicht grau und braun befiedert, weißer Augenstreif.
Vorkommen In einigen Bereichen West- und Mitteleuropas eingebürgert. Lebt an baumbestandenen Binnengewässern, häufig in Parks.
Wissenswertes Durch Bejagung ist die Mandarinente in ihrer ostasiatischen Heimat selten geworden. In Europa bilden aus Gefangenschaft entwichene und ausgewilderte Vögel einen fast ebenso großen Bestand.

Stockente

Anas platyrhynchos

> grüner Kopf
> gelber Schnabel
> blauer Flügelspiegel

Merkmale Länge 50–60 cm; häufigste einheimische Ente; Männchen (große Abbildung) mit überwiegend grauem Körper, aber auffallend grün schillerndem Kopf, gelbem Schnabel und brauner Brust; die Weibchen (kleine Abbildung) sind schlicht braun gemustert. Beide Geschlechter besitzen einen blauen Flügelspiegel.
Vorkommen In ganz Europa Brut- und Gastvogel an Gewässern aller Art, auch in nahezu allen Parkanlagen.
Wissenswertes Die Stockente ist die Stammform unserer Hausenten. An Parkgewässern sind Nachkommen aus Mischbruten mit Hausenten zu sehen, erkennbar an weißen Gefiederpartien. Das bunte Gefieder dient dem Männchen in erster Linie zur Balz und wird deshalb nach der Paarungszeit vorübergehend gegen ein Schlichtkleid eingetauscht. Das braune Gefiedert tarnt das Weibchen beim Brüten am Boden.
Gartentipp An Parkgewässern lassen sich Stockenten leicht füttern. Die Futtermenge ist dabei aber möglichst knapp zu halten, da überschüssiges Futter zur Überdüngung des Gewässers führt und damit letztlich den Vögeln schadet.

Kormoran

Phalacrocorax carbo

> kräftiger Schnabel
> langer Hals
> schwarz-braunes Gefieder

Merkmale Länge 77–94 cm; großer, überwiegend schwarzer Wasservogel (»Seerabe«); zur Brutzeit mit weißen Flecken an Kopf und Beinen; kräftiger Schnabel; Jungvögel braun mit hellem Bauch. Tiefe, gackernde Rufe.
Vorkommen Häufig an Meeresküsten und größeren Binnengewässern, aber auch in Parkgewässern und sogar auf Kanälen und Flüssen im Siedlungsbereich. Brütet in Kolonien, die sich meist in hohen Bäumen befinden.
Wissenswertes Kormorane ernähren sich ausschließlich von Fisch, den sie im Tauchen erbeuten. Außer an Fischteichen fressen sie überwiegend wirtschaftlich nicht genutzte Fischarten. Weil sie ihr Gefieder nicht wie andere Wasservögel mit Bürzelfett imprägnieren können, trocknen sie sich nach dem Tauchen in typischer Haltung mit ausgebreiteten Flügeln, z.B. auf Bäumen oder Sandbänken. Auf dem abendlichen Weg zu den Schlafplätzen und auf dem Zug fliegen sie oft in gänseartigen Formationen.

Register

Bildnachweis

Adam 17o, 19u, 61o, 63u, 75u, 79o, 81o, 109o, 111u, 113o, 113M, 117u, 121kl; **Beth** **ge/Hecker** 101u; **Buchhorn/Hecker** 97o; **Cramm** 117o; **Danegger** 11o, 11u, 19 25u, 59u, 79kl, 103o; **Diedrich** 23o; **Fünfstück** 35 M, 51u, 119o; **Fürst** 13u, 29u, 49u; **Giel** 85u; **Groß** 31u, 41o, 47u, 89u, 99u; **Gross/Silvestris** 103u; **Grüner** 35 65o, 87u; **Halley** 27 M; **Hecker** 2/3, 4, 5, 6, 7, 8/9, 15u, 47o, 51o, 57u, 65kl, 67kl, 75kl, 79u, 95u, 97M, 107u, 121o; **Hecker/Blickwinkel** 93M; **Heintzenberg** 99 **Höfer** 13o, 21u, 53o, 67u, 69o, 71o, 71u, 75o, 91 M, 93u, 99o, 107o, 111o, 113u, 121 **Limbrunner** 27o, 45kl, 77kl, 81u, 83u, 93o, 101o, 103 M, 115o; **Mestel/Hecker** 119 M; **Moosrainer** 29 M, 31kl, 67o, 69u, 73o, 87o, 105o; **Nill** 57o; **Nill/Silvestri** 57M, 95o; **Partsch** 65u; **Pforr** 37u; **Schmid/Angermayer** 41 M; **Schmidt** 29o, 45u, 91u; **Sohns/Silvestris** 83o, 115u; **Synatzschke** 27u; **Tuschel/Willner** 49 **Volmer** 105u; **Wendl** 25o, 33u, 89o, 105 M; **Wendl/Zeininger** 97u; **Wernicke** 109u, 117 M; **Wilmshurst/Silvestris** 61u, 119u; **Zeininger** 15o, 17u, 19kl, 21o, 2 31o, 33o, 33kl, 35u, 37o, 39o, 39kl, 39u, 41u, 43o, 43u, 43kl, 45o, 47 M, 53u, 55o, 55u, 59o, 61 M, 63o, 71kl, 73kl, 73u, 77or, 77ol, 77u, 85o, 91o, 111 M

o = oben, M = Mitte, u = unten, kl = kleine Abbildung, r = rechts, l = links

Mit 150 Farbfotos von Adam (13), Bethge/Hecker (1), Buchhorn/Hecker (1), Cramm (1), Danegger (7), Diedrich (1), Fünfstück (3), Fürst (3), Giel (1), Groß (5), Gross/Silvestris (1), Grüner (3), Halley (1), Hecker (18), Hecker/Blickwinkel (1), Heintzenberg (1), Höfer (15), Limbrunner (9), Mestel/Hecker (1), Moosrainer (7), Nill (1), Nill/Silvestris (2), Partsch (1), Pforr (1), Schmidt/Angermayer (1), Schmidt (3), Sohns/Silvestris (2), Synatzschke (1), Tuschel/Willner (1), Volmer (1), Wendl (4), Wendl/Zeininger (1), Wernicke (2), Wilmshurst/Silvestris (2), Zeiniger (34) sowie 2 farbige Zeichnungen von Steffen Walentowitz (Seite 1), 10 Schwarzweißzeichnungen von Wolfgang Lang (Umschlaginnenseite hinten) und 11 Piktogrammen von Wolfgang Lang

Umschlaggestaltung von eStudio Calamar unter Verwendung von einer Aufnahme von Hans Fürst (Blaumeise) und zweier Aufnahmen auf der Rückseite von Friedhelm Adam (Gimpel, links) und Manfred Höfer (Kleiber, rechts).

Das Bild auf Seite 2/3 zeigt einen Gartenrotschwanz, das Bild auf Seite 8/9 einen Grünfink (Aufnahmen von Frank Hecker).

Unser gesamtes lieferbares Programm und viele weitere Informationen zu unseren Büchern, Spielen, Experimentierkästen, DVDs, Autoren und Aktivitäten finden Sie unter www.kosmos.de

FSC

Mix

Produktgruppe aus vorbildlich bewirtschafteten Wäldern und anderen kontrollierten Herkünften

www.fsc.org Zert.-Nr. CQ-COC-000012

ISBN-13: 978-3-440-11809-2
Projektleitung: Stefanie Tommes
Lektorat, Satz: Barbara Kiesewetter, Redaktionsbüro, München
Produktion: Markus Schärtlein
Grundlayout: eStudio Calamar
Printed in Italy / Imprimé en Italie

auf einen Blick

Welches Sternbild ist das?
978-3-440-11713-2

Welcher Gartenvogel ist das?
978-3-440-11809-2

Welche Tierspur ist das?
978-3-440-11807-8
erscheint Juni 2009

Welcher Pilz ist das?
978-3-440-11819-1
erscheint Juni 2009

978-3-440-10674-7

978-3-440-08219-5

978-3-440-10744-7

KOSMOS